AF411159

TRAITÉ

DE

L'ÉLEVAGE ET DE L'ÉDUCATION

DU CHIEN

Imprimerie Polytechnique de E. LACROIX, à St-Nicolas-de-Port (Meurthe).

LIBRAIRIE SCIENTIFIQUE, INDUSTRIELLE ET AGRICOLE

Eugène LACROIX, Éditeur

Paris, 54, rue des Saints-Pères

EXTRAIT DU CATALOGUE GÉNÉRAL

ANIMAUX DOMESTIQUES

Allibert (J.), professeur à l'École nationale d'agriculture de Grignon. — **Alimentation des animaux domestiques.** Art de formuler des rations équivalentes. 1 vol. in-8 de 123 p. 2 fr.50

Dubos (Ernest), vétérinaire. — **De l'entretien et de l'amélioration des animaux domestiques.** Etudes zootechniques, habitations, alimentation, soins hygiéniques, amélioration des races, croisement, etc. 1 vol. in-8, 260 p. 3 fr.

— **Choix des vaches laitières.** — 1 vol. de 132 p., avec fig. 3 fr.

Gayot (Eugène), membre de la Société centrale d'agriculture. — **L'agriculture** en 1862, exposition et concours. 1re année, 1 vol. in-12, 358 p. 3 fr.

— **L'agriculture** en 1863, exposition et concours à travers champs. 2e année, in-12, 316 p. 3 fr.

— Les **animaux domestiques,** études faites à l'Exposition de 1867 ; gr. in-8, 80 p., 5 fig. 9 pl. 7 fr.

— **Guide pratique pour l'aménagement des animaux,** écuries et étables. 2 vol. avec 64 fig. dans le texte.
1re partie : Bergeries. 1 vol. in-18 jésus avec fig. 3 fr.
2e partie : Porcheries et poulaillers, etc. 1 vol. in-18 jésus avec fig. 3 fr.
Les deux volumes réunis en un seul. Relié 7 fr.
Bibliothèque des professions industrielles et agricoles. Série II, no 5.

— **La France chevaline.** 1re partie : Institutions hippiques, 4 vol. in-8. 26 fr.
2e partie : Etudes hippologiques, 4 vol. in-8. 26 fr.

Lunel (le Dʳ B.). — **Guide pratique de l'acclimatation des animaux domestiques.** Étude des animaux destinés à l'acclimatation, la naturalisation et la domestication. 1 vol., 188 p., avec fig. 3 fr.
Bibliothèque des professions industrielles et agricoles, série H, n. 48.

Mariot-Didieux, vétérinaire en premier, attaché aux remontes de l'armée, membre de plusieurs Sociétés savantes. — Guide pratique de l'éducation lucrative des **Lapins**, ou Traité de la race cuniculine, suivi de l'Art de mégisser leurs peaux et d'en confectionner des fourrures. 1 vol. gr. in-18, 162 pages. 2 fr. 50
Bibliothèque des professions industrielles et agricoles, série H, n. 17.

— Guide pratique de l'éducation lucrative des **Poules**, ou Traité raisonné de Gallinoculture. 1 vol. gr. in-18, 444 pages. 4 fr.
Bibliothèque des professions industrielles et agricoles, série H, n° 18.

— Guide pratique de l'éducation lucrative des **Oies** et des **Canards**. 1 vol. gr. in-18, avec de nombreuses figures dans le texte. 2 fr.
Bibliothèque des professions industrielles et agricoles, série H, n 19.

— Guide pratique du **Chasseur médecin**, ou Traité complet sur les maladies du chien, par M. Francis Clater, vétérinaire anglais ; traduit de l'anglais sur la 27ᵉ édition. 3ᵉ édition française, corrigée et augmentée. 1 vol. gr. in-18, 189 pages. 3 fr.
Bibliothèque des professions industrielles et agricoles, série H, n. 21.

Tarade (Em. de). — **Éducation du chien**, ou traité complet des moyens de cultiver l'intelligence de ce précieux animal, d'obtenir de lui toutes sortes de services, etc. 1 vol. in-12, 363 pages. 3 fr.

Weckerlin. — **Bêtes ovines.** 386 pages. 3 fr. 50

BIBLIOTHÈQUE DES PROFESSIONS INDUSTRIELLES ET AGRICOLES
SÉRIE H, N° 22

TRAITÉ

DE L'ÉLEVAGE ET DE L'ÉDUCATION

DU CHIEN

Moyens de cultiver l'intelligence de ce précieux animal

d'obtenir de lui toutes sortes de services utiles

de l'amener au point de pouvoir jouer aux dominos, etc., etc.

PAR

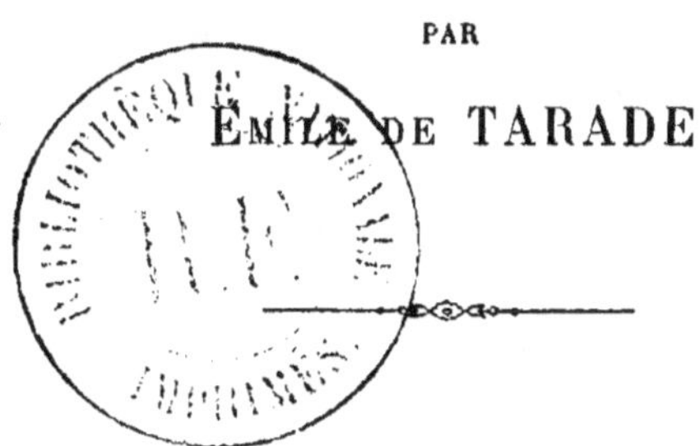

ÉMILE DE TARADE

PARIS

LIBRAIRIE SCIENTIFIQUE, INDUSTRIELLE ET AGRICOLE

EUGÈNE LACROIX, IMPRIMEUR-ÉDITEUR

Libraire de la Société des Ingénieurs civils de France, de celle des anciens Élèves
des Écoles nationales d'Arts et Métiers, de la Société des Conducteurs des
Ponts et Chaussées, de MM. les Mécaniciens de la Marine, etc., etc.

54, RUE DES SAINTS-PÈRES, 54

IMPRIMERIE A SAINT-NICOLAS-DE-PORT (MEURTHE).

A MONSIEUR

LE VICOMTE DE FLAVIGNY

HOMMAGE DE L'AUTEUR

Émile de TARADE.

CHAPITRE PREMIER

—

But de cet ouvrage.

Les expositions des différents types de
chiens, tant en France qu'à l'étranger, ont,
dans ces derniers temps, appelé sur ces utiles
et précieux animaux une attention suivie, et
augmenté l'intérêt qu'on leur porte généralement. C'est donc le moment, ce semble, d'indiquer à grands traits ce qui se rapporte à ce
fidèle compagnon de l'homme, et avec quelques
détails les moyens à l'aide desquels on peut cultiver l'intelligence étonnante dont il est doué,
intelligence qui dépasse de beaucoup les limites

qu'on croit pouvoir lui assigner ordinairement.

Je fais connaître ces moyens, et cet ouvrage deviendra, j'espère, d'une utilité incontestable pour quiconque voudra trouver dans son chien un domestique fidèle, exact, intelligent, comme pour celui qui voudra faire servir uniquement à son amusement l'éducation qu'il lui aura donnée.

Et posons d'abord ces deux points : 1° c'est chose incroyable que tout ce qu'on peut obtenir d'un chien ; 2° il faut, pour l'éducation de cet animal, s'armer d'une patience à toute épreuve pendant quinze jours... mais alors l'intelligence du chien, cultivée pendant ce laps de temps, est arrivée à ce point que ce que vous voulez lui apprendre est compris en un instant et aussitôt exécuté.

Pour moi, un chien n'est véritablement instruit que lorsqu'il fait *tout ce que vous lui commandez*, et cela, bien entendu, il faut qu'il puisse le faire en l'absence de son maître ; autrement nous tombons dans le cas de Munito, par exemple, ce chien réputé si savant, et qui, en réalité, ne savait rien. J'ai suivi ses expériences jusqu'au moment où j'ai découvert le nœud de l'énigme. Munito était placé dans un cercle formé de grands cartons sur lesquels étaient tracés ou des lettres, ou des chiffres, ou qui étaient peints de couleurs différentes ; Munito avait l'ouïe excessivement fine et exercée à saisir le léger bruit que son maître (un Italien) produisait avec l'ongle ou un cure-dent, quoique la main qui donnait ce signal fut cachée dans le gousset du pantalon, et le chien soi-disant savant, se promenant gravement dans le cercle avec l'air de la réflexion, s'arrêtait devant le carton voulu par le maître, dès que celui-ci lui en donnait le signal ci-dessus, moyennant quoi Munito était fréquemment récompensé avec une petite boulette de pain et de viande hachée, ce que son maître appelait du *bonbon*.

1.

Il ne sera point question ici de pareilles jongleries. J'indiquerai dans cet ouvrage les moyens rapides et positifs de faire savoir au chien la valeur des mots et leur appplication aux différents objets usuels. Votre chien, si vous l'exercez convenablement, doit connaître, comme vous, les lettres, les chiffres, les couleurs, les meubles, les petits objets qui se portent dans la poche. Il doit savoir ce que c'est qu'un journal, un coussin, un livre, pour vous l'apporter ou pour le porter à d'autres au besoin. Il doit être fixé sur la valeur des prépositions *dessus*, *dessous*, *devant*, *derrière*, *à côté*. Il doit connaître le *nom des amis* que vous voyez habituellement, comme il connaît *leur demeure*, afin de pouvoir faire près d'eux les commissions dont vous voulez le charger ; il faut qu'il sache à qui s'appliquent les noms de *boucher*, d'*épicier*, de *boulanger*, de *libraire*, etc.; enfin, un chien dont l'éducation est complète doit *savoir comparer*, comme j'en donnerai une preuve frappante lorsque j'indiquerai la manière de lui apprendre *à jouer aux dominos*. Quant aux opérations de l'esprit, proprement dites, quant à faire une addition ou une soustraction, si simple qu'elle soit, quant à vous dire quelle est la capitale de la Suède ou de la Russie, mettez cela au rang des fables, et lorsque vous verrez faire ces sortes de choses avec succès par un chien, *le maître présent*, bien entendu, *car cela ne peut se faire autrement*, vous pourrez vous dire : « Le tour est bien joué. »

Selon le précepte tracé par Horace, j'ai cherché à plaire et à être utile au lecteur ; je n'ose me flatter d'avoir réussi ; toutefois, j'espère que ce double motif me vaudra de sa part quelque indulgence.

CHAPITRE II

—

**De l'Education des animaux, en général.
Leur instinct. — Leur intelligence.**

Tous les animaux sont susceptibles d'éducation. Ils sont, par essence, comme l'homme,
éminemment perfectibles. Bien entendu qu'il
n'est ici question que des animaux des classes
supérieures, et qui sont douées d'intelligence. Il
est inutile de songer à l'éducation de ceux qui
ne possèdent pas cette précieuse faculté et qui
ne jouissent que de l'instinct.

Et d'abord, qu'est-ce que l'instinct? L'instinct!..... « C'est la raison suprême ; mais la
raison innée, la raison non raisonnée, la raison

telle que Dieu l'a faite, et non pas telle que l'homme la trouve. » (De Lamartine).

« Il existe dans un grand nombre d'animaux, » dit G. Cuvier, « une faculté différente de l'intelligence, c'est celle qu'on nomme *instinct*. Elle leur fait produire de certaines actions nécessaires à la conservation de l'espèce, mais souvent tout à fait étrangères aux besoins apparents des individus, souvent aussi très-compliquées, et qui, pour être attribuées à l'intelligence, supposeraient une prévoyance et des connaissances infiniment supérieures à celles qu'on peut admettre dans les espèces qui les exécutent. Ces actions, produites par l'instinct, ne sont pas non plus l'effet de l'imitation, puisque les individus qui les pratiquent ne les ont souvent jamais vu faire à d'autres ; elles ne sont point en rapport avec l'intelligence ordinaire, mais deviennent plus singulières, plus savantes, plus désintéressées, à mesure que les

animaux appartiennent à des classes moins
élevées, et, dans tout le reste, plus stupides....
Ainsi, les abeilles ouvrières construisent, depuis
le commencement du monde, des édifices
très-ingénieux, exécutés d'après la plus haute
géométrie, et destinés à loger et à nourrir une
postérité qui n'est pas même la leur. Les
abeilles et les guêpes solitaires forment aussi des
nids très-compliqués, pour y déposer leurs œufs.
Il sort de cet œuf un ver qui n'a jamais vu sa
mère, qui ne connaît pas la structure de la
prison où il est enfermé, et qui, une fois méta-
morphosé, en construit cependant une parfaitement semblable pour son propre œuf. »

L'instinct est une faculté émanée de Dieu, et
sans laquelle les animaux n'eussent pu ni
conserver la vie, ni conserver leur espèce. On
ne peut s'en faire une idée claire qu'en
admettant chez les animaux une sorte de
monomanie, une espèce de songe qui les

poursuit toujours et qui les force à exécuter,
en quelque sorte malgré eux, les opérations
nécessaires à leur conservation ou à celle de
leur espèce. Leurs actions, sous ce rapport, sont
comparables à ce qu'exécute l'homme en état
de somnambulisme.

Les cris, les chants auxquels se livre natu-
turellement un animal qui a toujours vécu
éloigné de ses semblables, on peut dire qu'il
les a toujours entendus. Ce nid, qu'un oiseau
construit avec tant d'art et de soin, il l'a
toujours vu; l'image en a toujours été gravée
dans son cerveau par la Providence.

L'intelligence compare et juge. L'instinct,
qui est le fruit d'un aveugle besoin, ne fait ni
l'un ni l'autre; aussi, l'intelligence, émanée de
la créature, se trompe souvent, tandis qu'é-
mané du Créateur, l'instinct ne se trompe
jamais.

La reconnaissance peut développer en quelque

sorte subitement l'éducation chez les animaux, du moins l'éducation renfermée dans de certaines limites. Pline raconte qu'un jeune garçon venait tous les matins déjeuner au bord de la mer, et que là, il s'amusait à nourrir un lamantin, qui s'était progressivement enhardi jusqu'à venir chercher, près du rivage, une partie des aliments de l'enfant. Un jour l'enfant tombe dans la mer; mais le lamantin s'approche, le reçoit sur son dos et le ramène sain et sauf au rivage. Le lendemain, le lamantin s'approche tellement du bord, qu'il semble inviter l'enfant à recommencer l'exercice de la veille. Le petit drôle entend à demi-mot, et plein de confiance, le voilà triomphant sur son lamantin, qui le ramène au rivage après une courte promenade. Le jour suivant, la promenade fut plus longue; bref, chaque jour, un grand nombre de personnes venaient assister à ce curieux spectacle d'un lamantin promenant un enfant sur son dos autour du golfe.

L'histoire d'Androclès et de son lion est une autre preuve de cette éducation, pour ainsi dire spontanée, produite par un sentiment de reconnaissance. Chacun sait qu'Androclès, esclave fugitif, se réfugia dans une caverne, où il se trouva face à face avec un énorme lion. Saisi de terreur, l'esclave reste immobile ; enfin, comme le lion restait couché et semblait se plaindre en léchant une de ses pattes, Androclès s'enhardit peu à peu, s'approche doucement du colosse, lui parle, le caresse, soulève cet énorme patte et s'aperçoit qu'une grosse épine s'y était profondément enfoncée. Androclès arrache l'épine, suce la plaie et se sépare du pauvre blessé, qui léchait les mains de son bienfaiteur pendant l'opération, paraissant comprendre toute la grandeur du service qui lui était rendu. Peu de temps après, Androclès est pris et conduit à Rome, où l'on ordonne son supplice... Il sera livré aux bêtes, ou plutôt il combattra contre elles et défendra sa vie et sa liberté, qui doivent être le prix de sa victoire s'il triomphe.

En effet, on arme l'esclave d'un glaive, et bientôt on voit paraître dans l'arène un superbe lion..... mais, ô surprise ! cet animal, loin de se jeter sur l'homme qui l'attendait de pied ferme, et même loin de le menacer, s'approche doucement de lui en remuant la queue, et se couche à ses pieds, à l'étonnement et aux applaudissements universels... Par la plus étrange coïncidence, et comme si Dieu avait ainsi voulu donner aux hommes un nouvel exemple qu'un bienfait n'est jamais perdu, le lion soigné par Androclès avait été pris presque en même temps que lui, sans doute dans une de ces grandes fosses couvertes de branches et de feuillage, sorte de piége qu'on tend encore en Afrique, de nos jours, à ces animaux, et c'était ce même lion qu'on avait choisi pour combattre contre le pauvre esclave, qui se trouvait par là voué à une mort presque certaine; car quel espoir de lutter avec avantage contre un animal si redoutable? L'histoire ajoute qu'on rendit la liberté à Androclès et qu'on lui donna son lion, devenu désormais inoffensif, et qu'il promenait dans Rome, attaché simplement avec un ruban.

Nous devons citer également ici Maldonata et sa lionne. Maldonata, autre pauvre esclave fugitive, ayant trouvé dans le désert une lionne en train de mettre bas avec difficulté, l'avait aidée dans sa parturition et s'en était ainsi fait une amie qui, allant toute la journée à la chasse, apportait ses victimes aux pieds de Maldonata et n'y touchait que quand sa bienfaitrice avait prélevé ce qu'il lui fallait pour ses besoins. Peu à peu les petits lionceaux grandirent, se familiarisant aussi avec Maldonata, et, plus tard, quand les Espagnols découvrirent la pauvre esclave, ils la trouvèrent entourée d'une lionne et de plusieurs lions fort peu disposés à la laisser emmener.

Nous avons vu des lions, des éléphants, des chevaux, des lièvres, des oiseaux, chez lesquels on avait, par l'éducation, obtenu des résultats étonnants. Un phoque même s'est montré susceptible d'éducation. Rhoé, dans son *Voyage dans l'Indoustan*, cite un singe que l'empereur du Bengale reçut en présent et qui faisait des choses merveilleuses. Qu'y a-t-il donc d'étonnant que l'éducation mette en relief les brillantes qualités du chien ?

Châteaubriand, dans son voyage en Amérique, cite le fait d'un serpent qui se trouva dans le camp, et dont un Indien se fit suivre aussitôt en jouant de la flûte. Toutes les fois que l'Indien s'arrêtait, le serpent s'arrêtait aussi, se dressant sur la partie inférieure de

son corps, dardant sa langue et témoignant
enfin à sa manière tout le plaisir qu'il éprou-
vait. Cet homme le conduisit ainsi juqu'à une
certaine distance du camp, où on le tua, — ce
que je constate à regret. Il méritait d'obtenir
sa grâce, s'il n'était pas d'une espèce dangereuse, ce que Châteaubriand ne dit pas.

Les animaux inférieurs ne possèdent que
l'instinct ; ceux intermédiaires dans l'échelle
animale possèdent l'intelligence et l'instinct,
qui l'emporte généralement chez eux. Enfin
l'homme est doué aussi d'instinct et d'intelligence ; mais chez lui c'est celle-ci qui l'emporte.

Les animaux sont, du reste, comme l'homme,
essentiellement perfectibles, *sous le rapport de
l'intelligence*, et ils le sont d'autant plus que
leur cerveau a plus de rapport avec celui de
l'homme quant à sa forme et à son volume.

Après le singe, après le chien, le castor est,

dans la création, l'animal dont le cerveau se rapproche le plus de celui de l'homme sous ce double rapport.

Les mollusques, les insectes, ne possèdent que l'instinct. Cependant il est dit que Pelisson, dans sa prison, avait accoutumé une araignée à venir, à un signal qu'il lui donnait, chercher des mouches, et l'insecte était si bien habitué à ce manége, qu'il venait les prendre jusque dans la main du prisonnier. C'était bien là de l'intelligence : ce n'était plus de l'instinct, qui eut éloigné l'araignée de la main de l'homme, dans la crainte d'un danger.

Chose admirable que l'instinct ! Voyez les pigeons voyageurs : on les enferme dans un panier ; on les envoie à 200 lieues dans un wagon couvert, ou sous la bâche d'une voiture. Là, on leur rend tout à coup la liberté. Ils s'élèvent dans les airs, planent pendant quelque temps comme pour s'orienter, décrivent plusieurs cercles, puis, prenant tout à coup leur parti, ils reviennent en ligne droite, et souvent accablés de fatigue, au colombier où on les a pris.

CHAPITRE III

—

Considérations générales sur les chiens.

On peut dire que nous partageons avec les
animaux le penchant pour la guerre. Les seules
occupations de l'homme à l'état sauvage se
bornent à se battre, à chasser et à pêcher. Les
animaux carnassiers, pourvus d'armes redoutables, chassent naturellement, par instinct et
par besoin. Ceux dont la force est très-grande,
chassent seuls; les autres se réunissent, s'en-
tendent, emploient la ruse, et se partagent la
proie. Chez le chien, l'éducation perfection-
nant ses moyens naturels, quand on l'a instruit

à tempérer son ardeur, quand on l'a soumis à une espèce de discipline et de méthode nécessaires, il chasse toujours avec fruit.

Le chien était autrefois adoré en Egypte. Les habitants de Minich, ville assez considérable de la haute Egypte, avaient notamment une grande vénération pour ces animaux. Les prêtres en nourrissaient un avec des mets sacrés, en l'honneur d'Anubis.

Quelle différence aujourd'hui ! au milieu de la population de Rosette existe une foule de ces animaux, partout accueillis, aimés de l'homme, mais rebutés par tous les habitants de ce pays, et, par une de ces contradictions inconcevables, il y a peu de villes au monde qui aient autant de chiens que celles de l'Egypte. Ils y sont constamment réunis dans les rues, leurs seules habitations. Ils n'y ont d'autre nourriture que celle qu'ils peuvent ramasser aux portes des maisons ou découvrir en fouillant dans les im-

mondices. Il est sans doute étonnant qu'au milieu d'une vie de misère et de souffrance, plusieurs de ces chiens ne soient pas victimes de
l'hydrophobie. Cependant cette maladie est in-
connue sous le ciel brûlant de l'Égypte. Il est
également sans exemple de voir en Syrie un
seul chien attaqué de rage, et cependant rien
de plus commun que d'y voir des loups enragés :
quiconque en est mordu meurt nécessairement
de cette affreuse maladie, si la plaie n'est cauté-
risée sur le champ. Les chiens de l'Egypte sont
une race de grands lévriers qui seraient très-
beaux s'ils étaient soignés. Les Bédouins, moins
superstitieux que les Turcs, nourrissent de
grands lévriers, qui font la garde autour de
leurs tentes, et qu'ils ont en grande estime ;
tuer le chien d'un Bédouin ce serait s'exposer
soi-même à perdre la vie.

Mahomet aimait les chats : aussi les Turcs
ont beaucoup de goût pour ces animaux. Le

chat peut entrer impunément dans les mosquées, tandis qu'un chien qui s'y introduirait, serait censé avoir souillé le temple par sa présence et serait mis à mort à l'instant.

Certaines personnes ont pour leurs chiens un attachement qui se porte même sur toute l'espèce. J'ai connu deux époux riches, qui prenaient tellement en pitié les chiens abandonnés et malheureux, que tantôt l'un, tantôt l'autre des deux époux rentrait à la maison avec quelque nouveau pensionnaire sous son bras, et quelquefois c'était un pauvre chien galeux ou estropié, ramassé sur un tas d'immondices... n'importe : la pauvre bête, aussitôt admise au logis, était lavée, soignée et bien nourrie jusqu'à sa mort. J'ai vu jusqu'à onze de ces malheureux chiens, ainsi recueillis un peu partout, chez ces personnes très-estimables assurément, et dont ce seul sentiment de pitié faisait le plus bel éloge. Un jour que le mari passait sur le pont St-Michel, il voit un grand rassemblement sur le pont et sur le quai ; il s'informe et apprend qu'il s'agit d'un pauvre chien isolé sur un énorme glaçon arrêté au dessous du pont. Ce malheureux animal poussait des hurlements lamentables... Aussitôt M. Y*** s'adresse à un commissionnaire pour qu'il se procure une corde, un grand panier, de la viande, et, à force de patience, on finit par persuader à la pauvre bête de monter dans le panier pour manger la viande : c'est alors que le commissionnaire remonte panier et chien aux applaudissements d'un millier de témoins de cette bonne action. Ce sont là choses louables.

Mais d'autres personnes poussent véritablement l'affection et l'attachement pour leurs chiens jusqu'à la folie. Nous en avons eu des exemples récents, et dans un temps plus éloigné, on a vu Henri III avoir pour ces animaux une véritable manie. « Je me souviendrai toujours,

3.

dit M. de Sully, de l'attitude et de l'attirail bizarre où je trouvai ce prince un jour dans son cabinet. Il avait l'épée au côté, une cape sur les épaules, une petite toque sur la tête, un panier plein de petits chiens pendus à son cou par un ruban, et il se tenait si immobile, qu'en nous parlant, il ne remua ni tête, ni pieds, ni mains. »

Par la finesse exquise de son odorat, le chien reste attaché à l'animal qu'il poursuit. C'est vainement que celui-ci emploie toute sorte de ruses pour le mettre en défaut : il est bien rare qu'il réussisse à se soustraire à son redoutable ennemi.

Il est des pays presque déserts où se trouvent, en grand nombre, des chiens sauvages qui, pour les mœurs et la férocité, diffèrent peu du loup. Ces chiens se réunissant en troupes, attaquent en force les animaux carnassiers, même les plus grands, les plus forts et les plus redoutables, et les combattent avec succès.

Lorsque les Européens eurent conquis une partie de l'Amérique, ils y transportèrent des chiens, qu'ils employaient à chasser les malheureux Indiens. Une partie de ces animaux, abandonnés dans les forêts ou dans les prairies, devinrent sauvages, comme il arriva pour des chevaux, se multiplièrent considérablement et se répandent encore actuellement dans les lieux habités, où ils font une cruelle guerre au bétail. Quoique extrêmement voraces, ils manquent de hardiesse ou de force pour attaquer les chevaux et les bœufs ; mais ils mangent les veaux et les poulains. Un sanglier même les effraie peu, surtout s'ils sont en nombre. Mais si on les traite avec douceur, ils deviennent familiers, et susceptibles d'éducation, d'attachement et de fidélité.

Il existe aussi en Cafrerie un grand nombre de chiens sauvages. Ces animaux vont en troupes et font beaucoup de ravages lorsqu'ils rencontrent des troupeaux de moutons.

L'île de Juan Fernandez renfermait, dans l'origine, une grande quantité de chèvres. Les Espagnols, dans le but d'enlever cette ressource aux boucaniers, répandirent dans l'île des chiens qui y ont presque entièrement détruit les chèvres et se sont, avec le temps, beaucoup multipliés. Le peu de chèvres qui reste s'est retiré sur des rochers inaccessibles aux chiens, qui se nourrissent maintenant de jeunes veaux marins.

Dans la Basilicate, on voit un grand nombre de chiens qui sembleraient avoir été dressés à défendre le chemin pas à pas aux voyageurs, comme si les habitants de ce pays inhospitalier n'avaient d'autre but que d'empêcher d'arriver jusqu'à eux une civilisation dont pourtant ils auraient tant besoin.

Il y a peut-être plus de chiens au Japon que dans tout autre pays du monde. Quoiqu'ils aient chacun leur maître, ils se tiennent dans les rues où ils sont fort incommodes pour les passants. Chaque rue est obligée d'entretenir un certain nombre de ces animaux et de les nourrir. On y bâtit de petites loges pour leur servir de retraite, lorsqu'ils sont malades, et on les y sert avec beaucoup de soin. Il est défendu, sous peine d'amende, de les maltraiter. C'est un crime capital que de leur ôter la vie, quelque désordre qu'ils aient pu causer. Les plaintes doivent être portées à leurs maîtres, qui ont seuls le droit de les punir. Ceux qui viennent à mourir sont portés sur le sommet des montagnes, lieux fixés pour leur sépulture. Cette attention à conserver ces animaux vient d'une idée superstitieuse de l'empereur Tsina-jos, qui occupait le trône des Cubo-sa-mas, ce monarque étant né sous l'un des douze signes célestes, auquel les Japonais donnent le nom de chien.

Les Japonais n'ont point de lévriers, ni

d'épagneuls, ni d'autres races de chiens pour la chasse, cet exercice n'étant pas fort en usage dans un pays si rempli d'hommes et si mal pourvu de gibier.

Les mahométans ont des hôpitaux pour les chiens, dont on voit un nombre considérable errer dans les villes de l'Orient, notamment à Constantinople. Des mahométans pieux leur laissent des pensions en mourant, et l'on paie des gens pour exécuter les volontés du testateur.

De tous les animaux domestiques, le chien est le seul dont la fidélité soit à l'épreuve. « Tout Paris, dit Sonnini, a vu en 1660, un de ces animaux, fixé pendant plusieurs années sur le tombeau de son maître, au cimetière des Innocents ; l'on employa vainement les caresses pour lui faire abandonner des restes chéris ; rien ne put l'arracher à ce lieu de fidélité et de douleur. L'on essaya plusieurs fois de l'en tirer de force, et de l'enfermer à l'extrémité de la ville ; dès qu'on le lâchait, il retournait au poste que sa constante affection lui avait assigné, et où, exposé à toutes les intempéries de l'air, il bravait la rigueur des hivers les plus durs. Les habitants de ce quartier, touchés de la persévérance de cet animal, ne le laissaient pas manquer de nourriture, qu'il ne semblait recevoir que pour prolonger sa douleur et l'exemple d'une fidélité héroïque. »

Un habitant de Lyon vient à mourir. Son chien suit au cimetière le convoi de son maître, et depuis ce moment l'animal disparaît sans qu'on l'ait jamais revu. On cite également le fait suivant, arrivé dans la même ville. A l'époque de la Révolution, lors des scènes sanglantes qui se passaient aux Brotteaux, un chien suit son maître, condamné à être fusillé..... Son pauvre maître mort, le chien se couche sur son cadavre, refuse obstinément de s'en séparer, repousse toute nourriture et meurt de faim et de chagrin au bout de peu de jours.

On ne finirait pas, si l'on voulait citer tous les traits d'intelligence, d'instinct et de fidélité caractéristiques qu'on rencontre chez ces animaux. On a écrit tout un volume sur les chiens célèbres, et ce n'est pas seulement à l'égard de son maître que le chien développe toute la supériorité de son instinct. L'on en voit pour qui tous les hommes, indistinctement, sont des objets de dévouement et de sollicitude. Il existe, par exemple, sur les hautes montagnes des Alpes, une race particulière de chiens, dont l'unique destination est la recherche des voyageurs surpris par les neiges, égarés au milieu des brumes épaisses, ou engagés dans des routes impraticables pendant les tempêtes de l'hiver. Les religieux du mont Saint-Bernard, habitants hospitaliers de ces hauteurs glacées et presque inaccessibles, ne manquent pas d'envoyer, chaque jour d'hiver, un domestique de confiance accompagné de deux chiens, à la rencontre des voyageurs du côté du Valais, jusqu'à Saint-Pierre. Les chiens suivent la trace de l'homme qui a perdu son chemin ; ils l'atteignent, ils le ramènent et l'arrachent à une mort inévitable.

De même pour les chiens de Terre-Neuve : il n'est pas nécessaire de les dresser à se jeter dans l'eau pour sauver un étranger qu'ils voient en danger de se noyer. Appelez instinct ou intelligence le sentiment qui les anime (pour moi c'est de l'intelligence), toujours est-il qu'ils se précipitent aussitôt d'eux-mêmes au secours de la personne en péril, et leur grande taille, leur force, leur courage aident merveilleusement au succès.

« Il semble, dit Voltaire, que la nature ait donné le chien à l'homme pour sa défense et son plaisir. C'est de tous les animaux le plus fidèle ;

c'est le meilleur ami que puisse avoir l'homme.

« Il est étonnant que le chien ait été déclaré immonde dans la loi juive, comme l'ixion, le griffon, le lièvre, le porc, l'anguille ; il faut qu'il y ait eu quelque raison physique ou morale que nous n'avons pu encore découvrir.

« Ce qu'on raconte de la sagacité, de l'obéissance, du courage des chiens est prodigieux et est vrai. Le philosophe militaire Ulloa nous assure que dans le Pérou les chiens espagnols reconnaissent les hommes de race indienne, les poursuivent et les déchirent ; que les chiens péruviens en font autant des Espagnols. Ce fait semble prouver que l'une et l'autre espèce de chiens retient encore la haine qui leur fut inspirée du temps de la découverte, et que chaque race combat toujours pour ses maîtres avec le même attachement et la même valeur. »

Il nous paraît intéressant de mettre sous les yeux du lecteur le récit d'un petit drame qui s'est passé tout nouvellement. Nous laissons la parole à M. Léonce Guine, propriétaire du chien, qui a adressé cet émouvant récit au spirituel rédacteur de l'un des journaux les plus répandus.

« Dernièrement, de ma fenêtre, qui donne sur la Seine, à Auteuil, je fus témoin d'un sauvetage si nouveau, si extraordinaire, que je ne puis résister au désir d'en faire le récit. Comme on ne *médaille* pas les héros semblables à celui de mon histoire, je trouve que, par compensation, il est bien naturel de donner un peu de publicité à leurs belles actions.

« Voici le fait :

« Deux enfants de douze à quinze ans, — cet âge est sans pitié, — venaient de jeter dans la Seine, au niveau de la rue de la Grande-Arche, un pauvre chien aveugle, à moitié mort de faim et de vieillesse. C'était un serviteur inutile, on lui donnait son congé dans la forme usitée... pour les chiens... ; on le noyait pour lui épargner les douleurs de l'abandon et de la faim!... Quoi de plus logique? N'est-ce pas ainsi (c'est triste à dire!) que l'on traite généralement les animaux domestiques, quand ils ne sont plus bons à rien?

« C'était donc avec un malin plaisir, je dirai même avec une joie cruelle, que les enfants avaient lancé la pauvre bête au milieu des flots. Non contents de cette exécution capitale, les petits bourreaux accablèrent leur victime d'une grêle de pierres; ses cris plaintifs, ses aboiements désespérés, loin de les attendrir, ne faisaient qu'exciter leur joyeuse humeur. Par instants, de sourds gémissements leur apprenaient, à leur grande satisfaction, que le pauvre chien venait d'être atteint par quelques-uns de leurs projectiles.

« J'allais fermer ma fenêtre pour ne plus assister à ce drame des rues, cher encore à tant de désœuvrés, quoique si peu conforme à la douceur de nos mœurs parisiennes actuelles, lorsque, tout à coup, j'entendis la foule, qui prenait grand plaisir à voir ce divertissement barbare, battre bruyamment des mains et pousser de vives acclamations. Je retournai la tête et j'aperçus, non sans surprise, mon chien *Vaillant* qui, attiré par les aboiements lugubres de son camarade, venait de se jeter daus le fleuve et se dirigeait de son côté. Il fendait l'eau avec une agilité incroyable; ses grognements joyeux et la direction qu'il suivait me firent deviner ses intentions : Vaillant s'érigeait en sauveur !

« Le chien aveugle, en effet, devinant que des secours inespérés allaient lui arriver, sembla redoubler de force et de vie : en quelques bonds, il rejoignit instinctivement Vaillant. Celui-ci, comprenant tout le danger de la tâche qu'il venait de s'imposer, souleva son train de derrière de manière que le naufragé pût y cramponner sûrement ses pattes de devant, sans pour cela gêner trop ses mouvements, et se remit bravement à nager de mon côté. Ses efforts

furent couronnés de succès ; en quelques se-
condes, il prit pied et se mit fièrement à secouer
sa belle crinière, tandis que son camarade
tombait épuisé à ses côtés. Son dévoûment, cependant, ne devait pas s'arrêter là. Les enfants,
qui avaient compté sans ce sauveur improvisé
et voulaient à toute force se payer le spectacle
d'une *noyade*, s'efforcèrent de l'éloigner à coups
de bâton ; mais en s'approchant de lui, ils virent
deux yeux si brillants, si terribles, ils aperçurent
deux rangées de dents si blanches, si longues
et si serrées, qu'ils furent forcés de rebrousser
chemin et de renoncer à leur dessein.

« Ce trait ne me surprit pas beaucoup de la
part de Vaillant, qui est une bête aussi bonne
qu'intelligente ; mais les spectateurs, qui n'a-
vaient pas, comme moi, l'avantage de le connaître, l'accablèrent de tant de caresses, que je
crus un instant qu'il allait prendre le parti de
se débarrasser des importuns comme il s'était

débarrassé des menaces des deux gamins. Je mis fin à l'enthousiasme général et préservai les mollets des plus empressés en rappelant Vaillant auprès de moi. Pour la première fois peut-être, le docile animal refusa de se rendre à mon appel ; j'en compris bien vite le motif : Vaillant ne voulait pas laisser son protégé à la merci de ses ennemis. Sur ma prière, un homme du peuple chargea sur ses épaules l'aveugle, encore trop faible pour se traîner, et alla le déposer dans la niche de mon chien ; ce fut à ce prix-là seulement que ce dernier consentit à se dérober à l'ovation de la foule, pour aller faire à son hôte les honneurs de son logis...

« Je ne sais si tous les chiens, en pareille circonstance, se conduiraient comme Vaillant ; mais il me semble, en tous cas, que son exemple devrait ne faire envisager à l'homme que comme un simple devoir commandé par la nature l'acte qu'il appelle souvent dévoûment héroïque. »

Un de mes compatriotes, M. Alain, marchand de bois à Moulins, est assassiné dans un bois, aux environs de cette ville. Son chien l'accompagnait. Après le malheur arrivé à son maître, le pauvre chien, revenu seul au logis, harcèle, les uns après les autres, tous les gens de la maison : il sort, il revient, tire par son tablier la domestique. Enfin on s'inquiète de ne pas voir M. Alain, on suit le chien, et le fidèle animal conduit les gens jusqu'au milieu du fourré où l'on avait jeté le cadavre de son maître.

Ainsi, l'intelligence du chien lui fait exécuter précisément ce qu'il faut, dans telle ou telle circonstance imprévue.

CHAPITRE IV

—

Sur l'esprit d'observation des animaux domestiques.

Il faut d'abord se persuader que nos animaux domestiques, avec leur air insouciant ou léger, sont des observateurs par excellence. Si vous pouviez lire dans leur esprit.... (oui, leur esprit : n'a-t-on pas fait tout un livre sur l'esprit des bêtes?) vous y verriez que les divers objets ou les différentes scènes qui frappent leurs yeux font sur leurs sens une impression plus ou moins profonde. Quant à leur mémoire, elle est prodigieuse.

En effet, si vous êtes à cheval ou en voiture,

arrêtez-vous à un endroit déterminé ; recommencez le lendemain... vous pouvez être certain que le troisième jour votre cheval s'arrêtera de lui-même à l'endroit où vous l'avez arrêté les deux jours précédents.

Faites un trajet de plusieurs lieues, à travers la campagne, dans des dispositions d'esprit ordinaires et rentrez chez vous sans repasser par le même chemin. Croyez-vous que vous vous rappellerez tout ce que vous avez vu en route ? Croyez-vous que vous vous souviendrez que là et là se trouve tel sentier qui se croise avec tel autre ? Qu'ici existe un arbre ? là, un buisson ? plus loin, une flaque d'eau ? Là-bas, sur la route même, une ornière un peu profonde ? — Nullement : vous avez tout vu et vous avez tout oublié.

Eh bien ! pensez-vous qu'il en soit ainsi de votre cheval ou de votre chien, si vous étiez accompagné de l'un de ces deux animaux ? Pas du tout : comme vous, ils ont tout vu, mais contrairement à vous, ils ont tout retenu. J'en vais donner une preuve sans réplique.

Je me trouvais, en 1825, chez un oncle qui habitait le Gâtinais, et chez lequel j'avais le plaisir d'aller souvent passer le temps des vacances. Un de ses fils me propose d'aller à cheval jusque chez son beau-père, dont la propriété était séparée de celle de mon oncle par un intervalle de trente-six kilomètres. « Mon père, me dit-il, veut bien te prêter son cheval ; ainsi, demain matin, à cinq heures, nous partirons... »

. Nous partons, en effet, et, confiant dans mon guide, plus âgé que moi d'environ sept ans, pour le retour comme pour l'aller, me voici chevauchant et causant joyeusement avec lui, avec cette insouciance de la jeunesse, et sans me préoccuper le moins du monde des chemins de traverse qu'il me faisait prendre tantôt à

5

droite, tantôt à gauche, et sans faire la moindre observation sur les divers accidents du terrain. D'ailleurs, nous allions en Beauce et devions cheminer pendant un assez long trajet dans un pays entièrement plat et dépourvu, comme on sait, d'arbres, de haies, où les fermes, les maisons apparaissent de très-loin en très-loin, dans une région, enfin, privée de tous les points de remarque sur lesquels on se base ordinairement pour reconnaître son chemin. Notez bien que si la jument que montait mon cousin avait fait plusieurs fois le voyage, le cheval hongre de mon oncle le faisait pour la première fois.

Saudreville est le nom du château que nous atteignons enfin, par un temps magnifique et après un joyeux trajet... Une mare, entourée de peupliers qui se voient de douze ou quinze kilomètres à la ronde et située à environ trois kilomètres du château, était le seul point remarquable qui se fut rencontré sur notre chemin.

Nous voilà au château, dont les maîtres étaient absents ; mais nous sommes bien reçus malgré leur absence, et les vieux concierges hébergent de leur mieux le gendre de la maison et son cousin. Pendant que mon compagnon de voyage court à ses affaires, moi je vais à la chasse avec beaucoup d'agrément, le pays étant très-giboyeux... C'était un rêve doré... hélas ! le réveil arrive brusquement, et le réveil, c'est une lettre de mon oncle, qui m'écrit de lui ramener son cheval, dont il a un besoin urgent et imprévu ; je cours faire part de cet incident fâcheux à mon cousin, qui me déclare tout net que ses affaires ne sont pas terminées, qu'il a bien du regret d'être obligé de me laisser partir seul, mais qu'il ne pourra quitter Saudreville que dans quelques jours... et personne qui puisse m'accompagner...

Me voilà donc partant seul, par un temps épouvantable, mon cousin ayant bien voulu me prêter son manteau pour me garantir contre une pluie diluvienne... Au bout de l'avenue, je me trouve au milieu des champs, avec cette recommandation pour toute ressource : « Au bout de l'avenue, tu prendras à gauche ! » Arrangez-vous de cela ! pas une âme dans la campagne ! Une fois l'embranchement du bout de l'avenue passé, que faire en présence de celui qui se présente plus loin ? que faire ensuite devant tous les autres ? Eh ! mon Dieu, la seule chose qu'il y eut à faire : je laisse la bride sur le cou du cheval, bonne et pacifique bête du reste, en lui disant : « Ami, va comme tu l'entendras, et à la garde de Dieu ! »

Le résultat, on le devine, c'est le retour au château du Gâtinais, du cheval et du cavalier.

Sous le premier Empire, M. de Norvins, voya-

geant en Italie, avec le capitaine de gendarme-
rie Filippi, entre Isola et Frosinone, se trouve
surpris par la nuit la plus sombre et par un
orage épouvantable, dans des gorges et des
ravins qui formaient un inextricable labyrinthe.
Que faire? Comment sortir de là? Ce qu'il y
avait de mieux à faire : s'en rapporter à l'intelligence et à l'esprit d'observation des chevaux,
qui, sans hésitation, conduisirent leurs cava-
liers sans accident à Frosinone.

Le buffle est un animal d'un naturel moins
traitable que le bœuf; toutes ses habitudes sont
grossières et brutes : il est, après le porc, le
plus sale des animaux domestiques; son regard
est farouche; on le croirait l'animal le plus
stupide..... cependant sa mémoire et son esprit
d'observation sont remarquables. Rien n'est si
commun que de voir ces animaux retourner
seuls et d'eux-mêmes à leurs troupeaux,
quoique d'une distance de cinquante à soixante

kilomètres, par exemple, de Rome aux Marais-Pontins.

Que de chiens emmenés de chez leur premier maître et qui y reviennent aussitôt qu'on les laisse libres!... Emmenez-les la nuit, en voiture; vous croyez les tenir? Bah! le lendemain le chien n'est plus là... vous le cherchez partout, dans les environs! quelle erreur! retournez, retournez où vous avez pris l'animal: il est revenu dans son ancien domicile.

Croit-on qu'il manquait d'esprit d'observation ce chien qui, voyant que, toutes les fois qu'un mendiant tirait le cordon d'une sonnette à la porte d'un couvent, on apportait au tour une portion de soupe, s'avise aussi de tirer le cordon pour avoir sa ration? Et cet autre, commensal d'une communauté, qui, ayant remarqué que toutes les fois que l'on sonnait la cloche, le dîner suivait de près au réfectoire, imagine, un beau jour qu'il avait faim avant l'heure, de se pendre à la chaîne de la cloche et de sonner prématurément le dîner, à la grande surprise du frère cuisinier?

Prenez votre canne deux ou trois fois devant votre chien, et emmenez-le ensuite avec vous à la promenade. Les jours suivants, dès que vous toucherez à votre canne, vous verrez quelles démonstrations de joie de la part de l'animal... il a très-bien observé qu'après la canne prise venait la promenade.

Un chirurgien rencontre un chien ayant la patte cassée. Ému de compassion, il emporte chez lui la pauvre bête, raccommode la patte avec soin, puis le laisse libre d'aller où il voulait. Au bout de quelques mois, quel est son étonnement de voir entrer chez lui le chien qu'il avait soigné, accompagné d'un autre chien ayant aussi une patte brisée.

Terminons par un dernier trait fort remarquable. M. Testard, un de mes amis, possédait

une chienne de chasse. Finette régnait au logis,
seule de son espèce. Un beau jour, on donne à
madame Testard une très-jolie petite chienne
anglaise.....

« Et voilà la guerre allumée. »

En effet, Finette, mue par un sentiment de
jalousie, tourmentait de mille manières la nouvelle venue, l'empêchait de manger, de s'approcher du feu, etc. Enfin, las de cet état de choses,
les maîtres de la maison délibèrent un soir,
près du foyer, sur les moyens de le faire cesser.
« Finette fait trop souffrir cette petite chienne,
dit le mari; il faut mettre un terme au martyre
de cette pauvre bête : Finette fera une bonne
chienne de garde, et puisque le fermier de
M. Talma, à Brunoy, la demande, il faut la lui
donner. — Oh ! je ne demande pas mieux,
répond madame Testard : c'est par trop désagréable de la voir sans cesse après cette petite

chienne, qu'hier encore elle a mordu jusqu'au sang. »

Notez que Finette, étendue près du feu, *faisait semblant de dormir*, mais ne perdait pas un mot de la conversation, et comprenait très-bien tout ce qui se disait, car le lendemain elle change entièrement de conduite envers sa compagne, cesse de la tourmenter, la laisse manger tranquillement, et enfin se retire du foyer aussitôt que l'autre s'en approche; si bien que nos amis les conservèrent toutes deux.

Je cite un fait; M. Testard existe encore, prêt à le certifier. Qu'on explique ce fait comme on voudra ou comme on pourra, mais il est certain.

Ainsi, on le voit, tout concourt à démontrer que les animaux domestiques, les chiens surtout, ont une rare intelligence, beaucoup de mémoire et un grand esprit d'observation. Il est donc important de tirer tout le parti possible de ces précieuses facultés, pour obtenir du chien une foule de services. Nous en examinerons plus tard les moyens.

CHAPITRE V

—

Histoire naturelle du chien.

Le chien est du genre des *mammifères*, de l'ordre des *carnassiers*, de la famille des *carnivores* et de la tribu des *digitigrades*. Il se distingue par les caractères qui suivent : Six dents incisives et deux canines à chaque mâchoire ; six dents molaires de chaque côté à la mâchoire supérieure, et sept de chaque côté à la mâchoire inférieure, en tout quarante-deux dents, quoique ce nombre ne soit pas constant dans tous les sujets ; langue douce ; cinq doigts aux pieds de devant, quatre seulement aux pieds de derrière ; ses ongles sont propres à fouir, comme ceux des loups et des renards. Les animaux de ce genre sont encore remarquables par leur mufle large, leurs oreilles grandes, pointues, souvent dirigées en avant, et leur poil ordinairement très-fourni. Ils ont l'ouïe excellente et l'odorat d'une extrême sensibilité, faculté due au développement considérable des cornets osseux des fosses nasales, lesquels sont tapissés d'une infinité de petits nerfs qui forment en quelque sorte, sur une grande surface, l'épanouissement des nerfs olfactifs. Les chiens boivent en lappant. Leur voix est un hurlement ou un aboiement. Des tubercules garnissent la plante de leurs pieds. Leurs mamelles sont au nombre de six (chez le mâle), placées sous le ventre. La femelle en a dix, savoir quatre à la poitrine et six sous le ventre. Les femelles entrent ordinairement en rut pendant l'hiver; quelquefois elles

entrent en chaleur deux fois par an. Cet état
dure de dix à quinze jours et se manifeste par
des signes extérieurs. La vulve se gonfle, se
projette au dehors, devient humide, et il se
produit un petit écoulement séroso-sanguin,
qui dure tant que la femelle est en chaleur.
Quand la femelle est dans cet état, qui dure dix,
douze, et quelquefois quinze jours, le mâle la
sent de fort loin et fait les plus grands efforts
pour arriver jusqu'à elle. Un seul accouplement
suffit pour qu'elle produise, même un assez
grand nombre de chiens ; mais, laissée en
liberté, elle en profite pour s'accoupler, plusieurs fois par jour, avec tous les mâles qui se
présentent. Pendant l'accouplement, ces animaux ne peuvent se séparer tant que dure
l'état d'érection du mâle, qui possède dans le
pénis un os particulier, comme le cerf et
quelques autres animaux ; de plus, les corps
caverneux forment chez lui une sorte d'assez

gros bourrelet qui s'introduit dans la vulve, et qui suffit pour retenir le mâle malgré lui, tant que subsiste l'érection du pénis.

Une chienne porte ordinairement soixante-trois jours et jamais au-dessous de soixante. Elle produit depuis un jusqu'à onze ou douze petits. Cependant ce grand nombre de petits est rare, comme il est rare aussi qu'elle n'en fasse qu'un.

Le chien, lorsqu'il vient de naître, n'est pas entièrement achevé. Dans cette espèce, comme dans toutes celles qui produisent en grand nombre, les petits, au moment de leur naissance, ne sont pas parfaits comme dans les animaux qui n'en produisent qu'un ou deux. Les chiens naissent avec les yeux fermés ; les deux paupières sont adhérentes par une membrane qui se déchire lorsque le muscle de la paupière supérieure est devenu assez fort pour la relever et vaincre cet obstacle, et la plupart des chiens n'ont les yeux ouverts que le dizième ou le douzième jour. Dans le même temps, les os du crâne ne sont pas entièrement formés, le corps est bouffi, le museau gonflé, et leur forme totale n'est pas encore bien dessinée ; mais en moins d'un mois ces animaux font usage de tous leurs sens, et prennent ensuite de la force et un fort accroissement. C'est vers l'âge de neuf à dix mois que le chien devient capable d'engendrer.

Le chien vit de quinze à seize ans, quelquefois jusqu'à vingt, et il est regrettable que cet animal si utile, que cet ami de l'homme ne lui soit pas conservé plus longtemps. Son âge peut se connaître à ses dents, qui, à mesure qu'il vieillit, cessent d'être aussi tranchantes qu'elles le sont dans le jeune âge ; d'ailleurs elles deviennent noires, inégales, se chargent de tartre et tombent successivement. Les canines sont celles qu'il conserve le plus longtemps.

A mesure que l'animal vieillit, son poil blanchit sur le front et autour des yeux. Les chiens,

6.

en vieillissant, deviennent souvent impotents, sourds et quelquefois aveugles.

Naturellement vorace, le chien peut cependant se passer de nourriture pendant assez longtemps. En Sibérie et chez les Esquimaux, ils sont parfois soumis à de cruels jeûnes. Ils boivent beaucoup, et l'on croit généralement qu'ils deviennent surtout enragés quand l'eau vient à leur manquer.

Le suc gastrique du chien est doué d'une grande puissance digestive, car il dissout les os les plus durs, qui ne sont jamais qu'imparfaitement triturés par les mâchoires. Cependant il est rare qu'il s'en repaisse impunément, et presque toujours il est malade des suites de leur ingestion. On s'étonne de la dépravation du goût de ces animaux, qui préfèrent souvent des charognes aux viandes fraîches, et qui ne manquent pas de se rouler à plusieurs reprises sur les animaux putréfiés qu'ils rencontrent sur leur chemin. Il est assez difficile de dire quel but ils se proposent en agissant ainsi ; on serait volontiers tenté de croire qu'ils cherchent à s'entourer de mauvaises odeurs, pour faire fuir les insectes parasites qui les tourmentent.

Les chiens sont faits pour le mouvement ; or, il arrive que, par suite de l'excès de nourriture et du manque d'exercice, nous les voyons dans nos maisons presque uniquement occupés à dormir et à manger. Ils ronflent en dormant, et rêvent assurément, car ils aboient pendant leur sommeil et se livrent alors à des mouvements qui font connaître que l'animal se croit à la chasse ou à la poursuite de quelque malfaiteur.

La nature a agi pour le chien comme pour toutes ses autres productions : c'est-à-dire que le chien est pourvu, quant à sa fourrure, selon le climat où il doit vivre. Ainsi, le *chien turc*, qui est presque sans poil, se trouve dans les contrées les plus ardentes de la terre, tandis qu'en Sibérie, en-Irlande, le chien est couvert d'une fourrure épaisse et très-chaude. Du reste, tous les chiens, de quelque race et de quelque pays qu'ils soient, perdent leur poil dans les climats excessivement chauds ; ils y perdent aussi leur voix; dans de certains pays, ils sont tout à fait muets. Ainsi, ceux qui sont originaires d'Amérique n'aboient pas. Le capitaine Cook, lors de son premier voyage autour du monde, fut extrêmement surpris d'entendre aboyer les chiens des habitants des Terres de feu. Il tira de ce fait la conclusion que ce peuple avait eu précédemment quelque communication immédiate ou éloignée avec les habitants de l'Europe.

Dans quelques pays, les chiens hurlent comme les loups, ou glapissent comme les renards; ils deviennent laids et prennent tous des oreilles droites et pointues; on dirait qu'ils reviennent là à l'état de nature, à leur type primitif. Ce n'est que dans les climats tempérés que les chiens conservent leur ardeur, leur courage, leur sagacité, et les autres talents qui leur sont naturels. .

Les chiens ne paraissent pas être affectés comme nous par les odeurs agréables, bien que leur odorat soit beaucoup plus fin et plus étendu que le nôtre. En effet, on sait combien le chien a de délicatesse dans ce sens, puisqu'il suit à la piste des animaux très-éloignés, et qu'il découvre leurs traces, d'après les seules effluves émanées du pied de ces animaux.

J'ai dit que la perfection de ce sens tient chez lui à l'expansion des nerfs olfactifs sur une large surface, suite du développement considérable des cornets osseux des fosses nasales

Je citerai deux faits qui montreront jusqu'où peut aller, chez le chien, l'exquise sensibilité de l'odorat.

J'étais enfant. Tous les ans, mon père nous faisait faire un voyage à Paris. Un petit épagneul était le commensal de la maison paternelle et mon compagnon chéri. Naturellement, on ne veut pas s'embarrasser d'Azolin dans le voyage ; mais je crie, je pleure, je fais rage, et enfin j'obtiens d'emmener la pauvre bête... Quelle joie ! quel bonheur !

Arrivés à Paris, pendant que les commis de l'octroi visitent les bagages, nous prenons un fiacre et nous nous faisons conduire Cloître-St-Honoré, à l'hôtel de Nantes, où nous logions ordinairement. A l'hôtel, nous faisons bien vite un bout de toilette, et le fiacre, qui nous avait attendu à la porte, nous conduit rue Ste-Croix-de-la-Bretonnerie, où demeurait une excellente tante à moi, laquelle nous attendait à dîner. Azolin, dont je n'avais pas voulu me séparer, prend sa part du dîner, puis je l'enferme dans la chambre de la cuisinière, à laquelle je recommande par dessus tout mon pauvre petit chien. « Aimée, lui dis-je, puisqu'il va venir du monde au salon et qu'Azolin ne peut pas y figurer, au moins ayez bien soin qu'il ne sorte pas, et pour cela promettez-moi que vous n'entrerez pas dans votre chambre avant que nous ne soyons partis... » Enfant! il aurait été bien plus simple, la porte fermée, de mettre la clef dans ma poche... Enfin, Azolin doucement couché sur de vieilles toiles qui se trouvaient là, je rentre tranquille-ment au salon, que nous quittons deux heures après pour retourner à l'hôtel de Nantes... je cours à la chambre d'Aimée... j'appelle Azo-lin... O douleur! ô regret! Azolin a disparu! Je vais à la cuisine, dans la salle à manger; point d'Azolin... Oh! je crois que ce fut là un des plus cruels chagrins de ma vie, de ne plus retrouver le petit compagnon de mes jeux d'en-fant. La maigre et laide Aimée, montant à beaux deniers comptant, me jurait ses grands dieux, contre l'évidence, qu'elle n'était pas entrée dans sa chambre, dont j'avais fermé moi-même la porte avec le plus grand soin avant d'aller au salon... Jamais cette pauvre fille ne m'avait paru plus laide, plus décharnée qu'à ce moment-là..... je l'aurais battue..... je mourais d'envie de lui arracher sa coiffe, son fichu, et de les mettre en pièces... Enfin nous partîmes, mais cette grande douleur ne se calma point. Une partie de la nuit se passa, pour moi, dans les pleurs et dans les sanglots...

Tout à coup, vers deux heures du matin, j'entends devant l'hôtel les hurlements plaintifs d'un chien... Ah! je ne pus m'y tromper : « Papa! c'est Azolin! c'est Azolin! » Et me voilà courant dans l'hôtel, à demi-nu, réveillant tout le monde pour faire ouvrir la porte... Et, en effet, c'était bien le pauvre Azolin, couvert de boue, ayant parcouru tout Paris, flairant partout, jusqu'à ce qu'enfin il fut retombé sur les quelques pas que lui et nous avions fait en sortant de l'hôtel pour monter dans le fiacre.

Un auteur recommandable et consciencieux rapporte qu'un chien d'Altinklingen vint chercher son maître jusqu'à Paris, qui est éloigné de plus de quatre cents kilomètres de cette ville, et sut le découvrir dans la foule. Cependant son maître était venu en poste dans l'espace de trois jours, et ne pouvait pas avoir laissé sur la route des corpuscules bien abondants. On ajouterait difficilement foi à un fait aussi extraordinaire, s'il n'était relaté par Virey.

Rien de plus opposé, sans doute, que le naturel du chien et celui du loup ; d'une part, familiarité, intelligence, attachement admirable ; de l'autre, instinct sauvage et cruauté farouche, que rien ne peut adoucir, apprivoiser, ni dompter (1) ; néanmoins, le loup et le chien, si différents par les qualités morales, sont entièrement et exactement semblables dans toute leur organisation physique, au point que, s'ils ne produisent pas plus souvent ensemble, c'est beaucoup plus la difficulté des rencontres, le sentiment antipathique et la haine invétérée qui les en empêchent, qu'aucune disproportion ou différence organique. Cette opposition du

(1) Les exemples, du moins, en sont très-rares. Un jeune loup, pris dans le nid, ayant été élevé et traité comme un jeune chien, s'était parfaitement habitué à la domesticité, au point que son maître le faisait coucher dans son propre lit ; mais une certaine nuit, le naturel reprit le dessus, et le propriétaire du loup s'éveillant, trouva l'animal occupé à sucer le sang d'une légère morsure qu'il venait de lui faire à la cuisse, ce qui le décida à le faire tuer. Il est vrai de dire qu'il y avait là au moins de l'imprudence. La place de l'animal sauvage était dans la basse-cour, où il se fut sans doute conduit plus honnêtement :

« La faim, l'herbe tendre, et, je pense,
« Quelque diable aussi *le* poussant... » (LAFONTAINE.)

naturel paraissait à plusieurs naturalistes si caractéristique et si puissante, qu'ils avaient jugé l'union impossible, ou du moins infructueuse. Des essais, dirigés avec toutes sortes de soins, sous les yeux de Buffon, étaient, en effet, restés inutiles; mais le hasard, souvent plus heureux que les tentatives, a fait éclore cette race métisse, et résolu le problème. C'est chez M. le marquis de Spontin-Beaufort que sont nés ces *loups-chiens*, d'une louve habituée de jeunesse dans la basse-cour avec un chien auquel, l'antipathie une fois vaincue, elle avait fini par s'affectionner.

D'après ce que nous avons vu au chapitre III, et d'après d'autres considérations qui viennent à l'appui, on serait porté à croire que le chien a eu pour type le loup ou chien sauvage. Mais quand et comment les hommes ont-ils pu dompter quelques-uns de ces animaux et les assujétir à l'obéissance, à la servitude, et les faire propager leur espèce dans la domesticité, c'est ce qu'il est impossible de savoir. Il est à croire que la vie sauvage des peuples primitifs n'amenant pas une transition trop brusque dans ses habitudes, le loup aura pu être plus aisément soumis à un genre de vie qui ne s'éloignait guère du sien propre.

A considérer les choses philosophiquement, telles qu'elles sont, et non pas selon les idées communes, on voit que le loup porte la tête haute, l'oreille droite, la queue dressée ; sa démarche est vive et sûre ; il a les sens fins, l'œil et l'oreille au guet, le cou tendu et ferme ; toutes qualités que le chien perd par notre fréquentation : il semble porter avec tristesse la chaîne de l'esclavage que nous lui imposons. On est fâché d'être obligé de le dire, c'est par lâcheté qu'ils nous sont fidèles. Nous estimons cette qualité en eux et nous la trouvons précieuse parce qu'elle nous est utile, mais elle

n'en est pas moins vile et méprisable aux yeux
de la nature et de l'espèce, à peu près comme le
sauvage méprise l'homme civilisé, et comme
nous méprisons les eunuques et les esclaves.
Aussi le loup, ou le chien sauvage, professe une
profonde antipathie contre celui qui s'est donné
à nous ; il le regarde comme tout dévoué à nos
intérêts, ou plutôt comme vendu à un tyran
pour détruire la race des loups ; indigné de
la lâcheté d'un traître qui cède sa liberté pour
recevoir avec ignominie, selon lui, un morceau
de pain de la main d'un maître qui lui ordonne
de sévir contre sa propre espèce, il attaque le
chien avec fureur et, l'ayant mis à mort, assou-
vit de chair et de sang sa cruauté et sa vengeance. Tous les animaux sauvages abhorrent
de même ceux de leur espèce que l'homme a
rendus domestiques, comme si ceux-ci héri-
taient de la haine que chaque être nous voue
parce que nous les tyrannisons tous. Aussi les

7.

animaux domestiques ne paraissent-ils qu'en tremblant devant leur espèce sauvage; ils ont l'air de transfuges, d'apostats, de criminels; ils semblent honteux, attérés, parce que les individus sauvages étant plus libres et plus exercés, sont aussi les plus forts, et manquent rarement de les attaquer et de les punir de mort. Élevez un oiseau quelconque, un merle, un sansonnet, etc.; apprenez-lui à siffler un air, puis, lui ayant rogné les grandes plumes de l'aile, lâchez-le dans quelque garenne fermée... vous verrez bientôt les oiseaux sauvages de son espèce fondre sur lui et le poursuivre à grands coups de bec, jusqu'à ce qu'ils l'aient tué.

L'amour seul peut quelquefois suspendre la fureur des animaux sauvages envers leurs congénères domestiques. C'est ainsi que des chiennes en chaleur, rôdant parmi les bois, sont parfois couvertes par des loups; il en est de même des truies et des sangliers. La race qui en provient est belle et vigoureuse, car elle semble avoir été retrempée dans sa source originelle. Et ce qui semblerait démontrer cette origine commune, c'est que cette race est apte à se perpétuer, au lieu que les mulets, provenant d'espèces différentes, sont toujours stériles.

Par contre, un bon chien de race, une fois dressé pour la chasse du loup, attaque celui-ci avec furie, et lutte corps à corps souvent très-avantageusement, surtout s'il est pourvu d'un large collier à pointes extérieures, qui empêche le loup de le saisir par le cou pour l'étrangler.

Quelque aversion que témoigne le loup contre le chien, dégénéré selon lui, et quelque dégradé que soit en effet celui-ci dans l'ordre de la nature, il n'en est pas moins vrai que la civilisation concourt au bonheur de l'humanité, et l'homme, chassant devant lui les bêtes féroces pour faire régner l'ordre et l'abondance où se montraient le désordre et la destruction, doit faire tous ses efforts pour continuer d'asservir et de soumettre à la domesticité tous les animaux qui en sont susceptibles. Or c'est ici surtout que le chien lui est indispensable, comme nous l'avons dit précédemment.

Peu nous importe l'opinion du loup sur son congénère réduit à l'esclavage ; opposons-lui le magnifique portrait que Buffon a fait du chien. Ce portrait flatteur en dit assez pour faire connaître que de toutes les conquêtes de l'espèce humaine, celle-ci est assurément la plus utile, la plus précieuse.

« Pour l'intelligence et la sagacité, l'attachement et la reconnaissance, en un mot, pour tout ce qui, dans les effets de l'instinct, imite l'esprit, et dans le sentiment ressemble à des vertus, le chien, entre tous les animaux, est le chef-d'œuvre de la nature ; c'est un ami que l'homme a trouvé parmi eux, et pour lui sou-

vent plus fidèle que les amis qu'il cherche, et
croit rencontrer parmi ses semblables.

« Le chien, fidèle à l'homme, conservera
toujours une portion de l'empire, un degré de
supériorité sur les autres animaux ; il leur
commande, il règne lui-même à la tête d'un
troupeau, il s'y fait mieux entendre que la voix
du berger ; la sûreté, l'ordre et la discipline
sont le fruit de sa vigilance et de son activité ;
c'est un peuple qui lui est soumis, qu'il conduit,
qu'il protége, et contre lequel il n'emploie
jamais la force que pour y maintenir la paix.
Mais c'est surtout à la guerre, c'est contre les
animaux ennemis ou indépendants, qu'éclate
son courage et que son intelligence se déploie
tout entière. Les talents naturels se réunissent
ici aux qualités acquises. Dès que le bruit des
armes se fait entendre, dès que le son du cor
ou la voix du chasseur a donné le signal d'une
guerre prochaine, brûlant d'une ardeur nou-

velle, le chien marque sa joie par les plus vifs transports ; il annonce par ses mouvements et par ses cris l'impatience de combattre et le désir de vaincre ; marchant ensuite en silence, il cherche à reconnaître le pays, à découvrir, à surprendre l'ennemi dans son fort, il recherche ses traces, il les suit pas à pas, et par des accents différents indique le temps, la distance, l'espèce, et même l'âge de celui qu'il poursuit. En vain l'ennemi oppose la ruse à sa sagacité, et déploie toutes les ressources de son instinct pour faire perdre sa trace ; en vain il cherche à en substituer un autre à sa mauvaise fortune, le chien ne perd pas l'objet de sa poursuite ; il voit de l'odorat tous les détours du labyrinthe, et, loin d'abandonner l'ennemi pour un indifférent, après avoir triomphé de la ruse, il s'indigne, il redouble d'ardeur, arrive enfin, l'attaque, et, le mettant à mort, étanche dans le sang sa soif et sa haine.

« Lorsque l'éducation a perfectionné ce talent naturel dans le chien domestique, lorsqu'on lui a appris à modérer son ardeur, à mesurer ses mouvements, qu'on l'a accoutumé à une marche régulière et à l'espèce de discipline nécessaire à l'art de la chasse, le chien chasse avec méthode, et toujours avec succès.

« Le chien, indépendamment de la beauté de sa forme, de la vivacité, de la force, de la légèreté, a par excellence toutes les qualités intérieures qui peuvent lui attirer les regards de l'homme. Un naturel ardent, colère, même féroce et sanguinaire, rend le chien sauvage redoutable à tous les animaux, et cède, dans le chien domestique, aux sentiments les plus doux, au plaisir de s'attacher et au désir de plaire ; il vient en rampant mettre aux pieds de son maître son courage, sa force, ses talents; il attend ses ordres pour en faire usage, il le consulte, il l'interroge, il le supplie ; un coup d'œil suffit, il entend les signes de sa volonté : sans avoir, comme l'homme, la lumière de la pensée, il a toute la chaleur du sentiment ; il a de plus que lui la fidélité, la constance dans ses affections ; nulle ambition, nul intérêt, nul désir de vengeance, nulle crainte que celle de déplaire ; il est tout zèle, tout ardeur et tout obéissance ; plus sensible au souvenir des bienfaits qu'à celui des outrages, il ne se rebute pas par les mauvais traitements ; il les subit, les oublie, ou ne s'en souvient que pour s'attacher davantage ; loin de s'irriter ou de fuir, il s'expose de lui-même à de nouvelles épreuves ; il lèche cette main, instrument de douleur qui vient de le frapper ; il ne lui oppose que la plainte, et la désarme enfin par la patience et par la soumission.

« Plus docile que l'homme, plus souple qu'aucun des animaux, non-seulement le chien s'instruit en peu de temps, mais même il se conforme aux mouvements, aux manières, à toutes les habitudes de ceux qui lui commandent ; il prend le ton de la maison qu'il habite ; comme les autres domestiques, il est dédaigneux chez les grands et rustre à la campagne ; toujours empressé pour son maître et prévenant pour ses seuls amis, il ne fait aucune attention aux gens indifférents, et se déclare contre ceux qui, par état, ne sont faits que pour importuner ; il les connaît aux vêtements, à la voix, à leurs gestes, et les empêche d'approcher. Lorsqu'on lui a confié pendant la nuit la garde de la maison, il devient plus fier et quelquefois féroce ; il veille, il fait la ronde ; il sent de loin les étrangers, et, pour peu qu'ils s'arrêtent ou tentent de franchir les barrières, il s'élance, s'oppose, et par des aboiements réitérés, des efforts ou des cris de colère, il donne l'alarme, avertit et combat : aussi furieux contre les hommes de proie que contre les animaux carnassiers, il se précipite sur eux, les blesse, les déchire, leur ôte ce qu'ils s'efforçaient d'enlever ; mais non content d'avoir vaincu, il se repose sur les dépouilles, n'y touche pas, même pour satisfaire son appétit, et donne en même temps des exemples de courage, de tempérance et de fidélité.

« On sentira de quelle importance cette espèce est dans la nature, en supposant un instant qu'elle n'eût jamais existé. Comment l'homme aurait-il pu, sans le secours du chien, conquérir, dompter, réduire en esclavage les autres animaux ? Comment pourrait-il encore aujourd'hui découvrir, chasser, détruire les bêtes sauvages et nuisibles ? Pour se mettre en sûreté et pour se rendre maître de l'univers vivant, il a fallu commencer par se faire un parti parmi les animaux, se concilier avec douceur et par caresses ceux qui se sont trouvé capables de s'attacher et d'obéir, afin de les opposer aux autres. Le premier art de l'homme a donc été l'éducation du chien, et le fruit de cet art, la conquête et la possession paisible de la terre. »

CHAPITRE VII

Des différentes races de chiens.

Le *chien domestique* (canis familiaris, Lin.)
varie à l'infini par sa forme, sa grosseur, la
couleur et la qualité de son pelage. C'est une
conquête complète que cette espèce, que
l'homme a fait passer tout entière sous sa do-
mination. Les chiens que l'on trouve à l'état
sauvage, en plusieurs contrées du globe, étaient
précédemment des races domestiques rendues
à l'indépendance depuis plusieurs générations.
Buffon avait choisi comme type du genre le
chien de berger ; mais M. F. Cuvier, prenant
pour type fondamental le *chien de la Nouvelle-*

Hollande, variété du chien domestique, qui vit presque entièrement libre, et dont la zoologie s'est nouvellement enrichie, M. F. Cuvier, dis-je, par suite de comparaisons intelligentes entre les principales races de la même espèce, est parvenu à grouper ces races en trois familles, qu'il a désignées chacune par le nom de sa race principale. Il a rangé les *mâtins* dans la première famille, les *épagneuls* dans la seconde, et les *dogues* dans la troisième.

Chez les *mâtins*, la tête est plus ou moins allongée, les pariétaux, qui sont les os formant la partie supérieure et latérale du crâne, tendant à se confondre insensiblement en se rapprochant des temporaux. Les condyles (ou articulations de la mâchoire inférieure avec la mâchoire supérieure) sont placés sur la même ligne que les dents molaires supérieures.

Parmi les races que comprend cette famille, on distingue :

1° — Le *chien de la Nouvelle-Hollande* qu'a-menèrent en France les naturalistes de l'expédition faite aux terres australes par le capitaine Baudin. « Ce chien, dit M. F. Cuvier, avait la taille et les proportions du chien de berger, excepté la tête, qui ressemblait à celle du mâtin. Son pelage était très-fourré, et sa queue assez touffue; il avait les deux sortes de poils, des laineux gris, et des soyeux fauves ou blancs ; la partie supérieure de la tête, du cou, du dos et de la queue, était fauve foncé; les côtés, le dessous du cou et de la poitrine étaient plus pâles; toute la partie inférieure du corps, la face interne des cuisses et des jambes et le museau étaient blanchâtres... Les mouvements de cet animal étaient très-agiles, et son activité, lorsqu'il était libre, était fort grande; mais, ce cas excepté, il dormait continuellement. Sa force musculaire dépassait de beaucoup celle de nos chiens domestiques de même taille. Dans ses mouvements, il tenait sa queue relevée ou étendue horizontalement ; et lorsqu'il était attentif, il la tenait basse ; il courait la tête haute et les oreilles droites, dirigées en avant ; ses sens paraissaient être d'une finesse extrême, mais, ce qui étonnera peut-être, il ne savait pas nager : jeté à l'eau, il se débattait machinalement, et ne faisait aucun des mouvements convenables pour se soutenir. Son courage était très-remarquable : il attaquait sans la moindre hésitation les chiens de la plus forte taille, et je l'ai vu plusieurs fois, dans les premiers temps de son séjour à notre ménagerie, se jeter en grondant sur les grilles au travers desquelles il apercevait une panthère, un jaguar ou un ours, lorsque ceux-ci avaient l'air de le menacer..... La présence de l'homme ne l'intimidait point : il se jetait sur la personne qui lui déplaisait et sur les enfants surtout, sans aucun motif apparent... Il

n'obéissait point à la voix, et le châtiment l'é-
tonnait et le révoltait. Il affectionnait particulièrement celui qui le faisait le plus souvent
jouir de sa liberté, il le distinguait de loin, té-
moignait son espérance et sa joie par des sauts,
l'appelait en poussant un petit cri, assez semblable à celui des autres chiens dans la même
situation, et aussitôt que la porte de sa cage était
ouverte, il s'élançait, faisait rapidement cinq ou
six fois le tour de l'enclos où il pouvait s'ébattre,
et revenait à son maître lui donner quelques
marques d'attachement, qui consistaient à sau-
ter vivement à ses côtés et à lui lécher la main.

« Ce penchant à une affection particulière ressemble à celui du chien de berger, et s'accorde
avec ce que les voyageurs assurent de la fidélité exclusive du chien de la Nouvelle-Hollande
pour ses maîtres; mais si cet animal donnait
quelques caresses, ce n'était que pour des services réels, et non point pour obtenir d'autres

caresses : il souffrait volontiers celles qu'on lui faisait et ne les recherchait point. Il marquait sa colère par trois ou quatre aboiements rapides et confus : excepté ce cas, semblable au chien sauvage, il était très-silencieux.

« Bien différent de nos chiens domestiques, celui-ci n'avait aucune idée de la propriété de l'homme, et il ne respectait rien de ce dont il lui convenait de faire la sienne ; il se jetait avec fureur sur la volaille et semblait ne s'être jamais reposé que sur lui-même du soin de se nourrir. Il appartient sans doute au peuple le plus pauvre et le moins industrieux de la terre de posséder le chien le plus enclin à la rapine qui fût connu et le plus incorrigible à cet égard.

« Cependant, les sauvages de la Nouvelle-Hollande se font accompagner par ces chiens à la chasse, ce qui ferait supposer quelque sentiment de propriété chez ces animaux ; mais ne nous offrent-ils pas alors le tableau où Buffon peint l'homme et le chien sauvage s'entr'aidant pour la première fois, poursuivant de concert la proie qui doit les nourrir, et la partageant ensemble après l'avoir atteinte ?

« Ce que cet animal mangeait le plus volontiers, c'était la viande crue et fraîche : le poisson ne paraissait jamais avoir fait sa nourriture, car la faim elle-même ne le décidait pas à le manger ; il ne refusait pas le pain, et paraissait goûter avec plaisir les matières sucrées. Son rut, jusqu'alors, ne s'était montré que toutes les années une fois et en été, ce qui correspond, pour la Nouvelle-Hollande, à l'hiver de notre hémisphère, et fait rentrer le rut de ces animaux dans la règle à laquelle nous avons cru apercevoir qu'il était soumis chez les mammifères carnassiers en général. Chaque fois que cet état s'est manifesté, on a cherché à faire produire cet animal avec un autre de même forme, de sexe différent, de même couleur, mais non point de même race ; l'accouplement a eu lieu ; il n'y a point eu de conception, ce qui confirme la difficulté qu'on a généralement à faire produire deux races lorsqu'elles sont très-différentes. »

(Nous avons vu pourtant dans le chapitre précédent, et contrairement à l'opinion de F. Cuvier, qu'il pouvait y avoir conception par suite de l'accouplement d'un loup avec une chienne en chaleur, ou d'un sanglier avec une truie.)

2° — Le *mâtin*. Les chiens de cette race sont grands, forts et légers à la fois. Leur tête est allongée, leur front un peu aplati, leurs oreilles à demi pendantes. Ils ont la taille longue et assez grosse, des jambes longues et pleines de vigueur ; leur poil, qui est assez court sur le corps, se trouve plus long aux parties inférieures et à la queue. Il y en a de noirs, de bruns, de couleur fauve, de gris, de blancs. Le mâtin ne manque pas d'intelligence ; il est vigoureux, plein de courage, très-attaché à son maître et fait un bon chien de garde.

3° — Le *danois*. Ce chien a un corps plus fourni, et de plus gros membres que le mâtin. Il est généralement blanc avec de nombreuses taches noires ou brunes. Il se plaît beaucoup avec les chevaux, et, comme le mâtin, excelle à garder les maisons.

4° — Le *lévrier* se distingue des chiens qui précèdent par ses formes plus sveltes, plus allongées ; son museau l'est excessivement. Il porte ordinairement la queue basse, et tout son ensemble inspire la tristesse. Sa maigreur et son poil ras le rendent fort sensible au froid. Ce chien est peu susceptible d'attachement, et, malgré la longueur de son museau, il a très-peu d'odorat ; mais il a une vue excellente, et comme il est extrêmement léger à la course, on l'emploie pour chasser le lièvre et le lapin, qui ne lui échappent jamais en plaine. Les seigneurs du moyen âge en avaient toujours pour cet usage. On l'emploie aussi pour coiffer le sanglier et le loup.

5° — *L'épagneul.* — Cette race, qui se divise en grands et petits épagneuls, est remarquable par son pelage long, fourni et soyeux, par ses oreilles pendantes et sa queue redressée. Il y en a de noirs, de blancs, avec des taches brunes ou noires, et des bruns. L'épagneul est d'une grande intelligence et singulièrement attaché à son maître. On l'emploie à la chasse comme chien d'arrêt. Il est excellent pour chasser le gibier d'eau. Les petits épagneuls ne sont bons que pour la chambre, où ils peuvent être considérés comme chiens de garde, car au moindre bruit ils donnent l'éveil par leurs aboiements.

6° — Le *barbet* ou *caniche* présente comme caractères une tête grosse et arrondie, les oreilles pendantes, les jambes courtes, un corps épais et ramassé, la queue presque horizontale et des poils longs, fins et frisés. Sa couleur est noire ou blanche avec des taches noires. C'est peut-être la race la plus attachée à son maître et la plus intelligente, ce qui tient au développement antérieur de son cerveau, son front étant, relativement, beaucoup plus proéminant que dans les autres races. Comme l'épagneul, et mieux encore peut-être, il recherche naturellement l'eau, et peut être employé avec succès pour chasser les oiseaux de marais. Le *griffon* provient du croisement du barbet et du chien de berger. Ses poils sont rudes et dirigés en différents sens. Il chasse naturellement avec beaucoup d'ardeur.

7° — Le *braque*. — Cette race de chiens participe du mâtin et du danois. Nous donnerons la preuve de l'intelligence extraordinaire des braques, qu'on emploie ordinairement à la chasse comme chiens d'arrêt.

8° — Le *chien courant* est remarquable par la longueur et la largeur de ses oreilles pendantes. Il a beaucoup de ressemblance avec le mâtin, la tête grosse, le corps et les membres vigoureusement constitués, la queue relevée. Il est ordinairement blanc avec des taches noires, brunes ou jaunâtres. Ce chien est peu intelligent, mais son odorat est extrêmement développé. Il chasse de race, naturellement, et montre une grande ardeur pour cet exercice.

9° — Le *basset*. — Le basset offre comme traits caractéristiques des membres forts et très-courts; ses jambes sont torses quelquefois, ce qui lui vaut, dans ce cas, le nom de *basset à jambes torses*. Ce chien a la tête du chien courant, mais le museau généralement plus allongé. Comme il manque de vitesse dans ses allures, par suite de sa conformation, on l'emploie avec succès pour chasser le lièvre et le lapin. Il est aussi précieux contre le renard et le blaireau.

10° — Le *chien de berger*. —Voilà peut-être la race la plus utile de toutes. La taille de ce chien est moyenne. Ses oreilles sont courtes, droites et pointues ; son pelage, ordinairement noir, ressemble parfois à celui du loup, dont il est cependant l'ennemi naturel. Rien de plus intelligent et de plus courageux que cet animal, pour la conservation du troupeau confié à ses soins et à sa vigilance.

11° —Le *chien-loup*, couvert partout de grands poils excepté sur les pattes, sur la tête et sur les oreilles ; d'une taille moyenne, il paraît provenir du chien de berger par le croisement. Comme lui, il peut servir à la garde des troupeaux.

12° — Le *chien de Sibérie* et le *chien des Esquimaux*. — Ces animaux sont grands et forts, couverts d'un poil long et soyeux, même sur la tête et sur les pattes. Leurs oreilles sont droites et pointues comme celles du chien-loup. Leur couleur se compose de grandes taches irrégulières, mêlées de gris, de noir et de blanc.

13º—Le *dogue*.—Le dogue de forte race est le plus gros et le plus robuste de nos chiens. Sa tête est grosse et courte; ses oreilles petites et à moitié tombantes; ses lèvres, très-grandes, pendent de chaque côté, beaucoup plus bas que la gueule; son nez carré est très-prononcé, et présente souvent un sillon profond entre les narines; ses membres trapus offrent l'image de la force et de la vigueur. C'est un excellent et formidable gardien pour les maisons, et on peut utiliser sa force pour tourner des roues ou pour traîner de petites voitures. On distingue le grand et le petit dogue. Au-dessous de ce dernier, il faut ranger le carlin, qui semble une dégénération du petit dogue ou doguin. Les caractères déterminants sont les mêmes dans toutes ces variétés.

14º — Le *chien turc*, ou plutôt *chien d'Afrique* ou *de Barbarie*. — Il est à peu près de la taille du

doguin ou du carlin. Sa tête est grosse propor-
tionnellement à son corps; sa peau, presque
dépourvue de poils, rend cet animal extrème-
ment sensible à l'abaissement de la tempéra-
ture; aussi a-t on peu de chance de le conserver dans nos climats.

CHAPITRE VIII

—

Braque et Philax.

J'ai connu à Lille (Nord), en 1840, M. Léonard, inspecteur des douanes ; il possédait deux chiens parfaitement dressés. Et qu'on ne croie pas que les caniches soient seuls susceptibles d'acquérir une brillante éducation : *Braque* et *Philax* étaient deux chiens de chasse, à poil ras, de l'espèce dite *braque*. L'un et l'autre étaient gris, avec de larges taches brunes. Leurs yeux seuls vous disaient par leur vivacité combien l'intelligence avait été développée chez ces intéressants animaux. En effet, leur éducation était telle, que leur maître, à

force de soins et de patience, en avait fait véritablement de petits prodiges. Ils savaient tout ; ils
comprenaient tout. Les mots étaient profondément gravés dans leur mémoire, avec leur signi-
fication positive. Ces deux chiens précieux connaissaient tout aussi bien que nous la valeur des
prépositions *dessus, dessous, devant, derrière,*
etc. Ils faisaient une application exacte du nom à
la couleur, au nombre, savaient très-bien ce que
c'était que le salon, le corridor, l'escalier ; ils connaissaient les meubles, tous les ustensiles, tous
les petits objets de poche ou de toilette,
et quand on faisait travailler ces chiens en
l'absence de leur maître, quand on les
voyait, livrés à eux-mêmes, exécuter tout ce
qu'on leur demandait, pourvu que cela fût à la
portée de leur intelligence, on était littéralement saisi d'étonnement et d'admiration. Je
vais donner un échantillon de leur savoir-faire,
et le lecteur verra que je ne dis rien de trop.

Ces deux chiens étaient également instruits. On disait à l'un : « Va te placer près de la dame en rose ! » Le chien allait immédiatement trouver la dame ainsi vêtue, s'asseyait sur son derrière et attendait, remuant la queue, et regardant cette dame d'une manière très-expressive. « Demande à cette dame son dé ! » La dame offrait successivement au chien son mouchoir, ses gants, un étui, etc. L'animal ne bougeait point. Aussitôt qu'elle lui présentait son dé, le chien sautait, faisait mille folies, mille gentillesses pour l'obtenir. Une fois qu'il l'avait, on le voyait se promener gravement dans l'appartement, attendant qu'on lui expliquât ce qu'il devait en faire. On lui disait alors, je suppose : « Va au fauteuil près de la cheminée ! (il y allait). Il y a un chapeau sur le fauteuil, — mets le dé dans le chapeau, que tu porteras à la dame en bleu ! » et le chien le lui portait incontinent, après y avoir placé le dé.

On arrangeait une tranche de viande sur une tranche de pain, et on mettait le tout dans un coin de la chambre, puis on disait à l'un des chiens : *Va chercher! Pille!* L'animal courait près des objets en question ; mais, arrivé à portée, il faisait volte-face et venait s'asseoir devant vous, avec la mine la plus plaisante du monde, comme pour vous dire : « Je ne mange que ce que mon maître me donne. » M. Léonard était-il présent ? il disait au chien : « Ote la viande ; mets-la par terre et mange le pain ! » Et cela était exécuté aussitôt.

Chacun des deux chiens savait jouer aux dominos, et voici comment les choses se passaient. On faisait monter et asseoir sur une chaise ce joueur de nouvelle espèce, devant la table sur laquelle se trouvaient les dominos. Il fallait n'en donner au chien que quatre, qu'on espaçait beaucoup, sur un seul rang, ayant soin que les points fussent tournés de son côté. Si l'animal avait un gros double dans son jeu, il le prenait et le posait de suite au milieu de la table. S'il n'en avait point, il attendait que la personne qui jouait contre lui eût posé. Alors, s'il avait dans son jeu un domino qui s'assortit avec celui que vous veniez de placer, il ne manquait pas de le prendre et de le mettre du côté convenable, mais sans l'y ajuster ; il se contentait de le poser du côté qu'il fallait. S'il boudait, on l'entendait aussitôt gémir d'une manière risible. Essayait-on de le tromper, de mettre, par exemple, du deux où il aurait fallu du six, quand il jouait contre une dame, le chien se bornait à prendre le domino défectueux et à le lui rendre ; s'il jouait contre un homme, il accompagnait cette restitution d'un grognement menaçant et montrait les dents, comme s'il eût voulu dire : « N'y revenez plus ! »

Notez que ces diverses choses s'obtenaient très-bien de ces chiens merveilleux, loin de leur maître ; et un jour que M. Léonard nous avait amené ses deux chiens, il se mit à nettoyer et à arroser des fleurs qui garnissaient un grand balcon régnant devant la maison, laissant les deux animaux complètement livrés à eux-mêmes ; pendant ce temps-là ma femme et moi nous fîmes travailler les deux chiens, et jouâmes plusieurs parties de dominos avec eux, pendant que leur maître leur tournait littéralement le dos, et restait occupé en dehors sur le balcon, la porte fermée derrière lui.

Je vis faire un jour à ces deux animaux, sur ma demande, une chose non moins singulière. Nous avions été nous promener, M. Léonard et moi, accompagnés des deux chiens, qui portaient, selon leur usage en ville, chacun le bout d'un morceau de saucisse d'une longueur de plusieurs mètres. Nous passons près d'un abreuvoir très-long, et en travers duquel se trouvait, pour le passage, une planche soutenue par des piquets. « Ah! dis-je à mon compagnon de promenade, faites donc, je vous prie, passer un de vos chiens sur cette planche. — Par où? à droite ou à gauche? — A gauche. — Philax, passe là! passe à gauche. (Le chien obéit). — Qu'il s'arrête! — faites-le s'asseoir! — Envoyez Braque par la droite! — qu'il s'arrête et s'asseye aussi! » — Tout cela fut accompli en beaucoup moins de temps que je n'en mets à l'écrire. « Que voulez-vous qu'ils fassent maintenant? me dit M. Léonard. — Qu'ils se caressent! — Caressez-vous! » ajoute leur maître... Et voilà nos deux chiens se frottant museau contre museau, et se léchant l'un l'autre. « Et maintenant, quoi? — Qu'ils traversent! — Mais il n'y a pas la place nécessaire : ils tomberont à l'eau. — Eh! bien nous verrons ce qu'ils vont faire. — Traversez! » crie M. Léonard... Ils veulent traverser en effet, mais le passage était si étroit, qu'ils se poussèrent réciproquement dans l'eau et s'en revinrent à la nage.

Voilà ce que j'ai vu, et certes, il n'y avait là aucun compérage, aucune préparation possible, nul exercice préalable. La chose fut entièrement improvisée, et il en résulta pour moi la preuve sans réplique que ces intéressants animaux, par suite de la culture de leur mémoire et de leur intelligence, connaissaient tout aussi bien que nous la valeur des mots.

Comme les dames prenaient plaisir aux exercices de Braque et de Philax, M. Léonard était souvent invité à des soirées agréables, et souvent aussi avec prière d'amener ses chiens. Il ne s'en faisait pas faute, se piquant de mettre ainsi en relief leur brillante éducation. Il se passa un soir, dans une réunion nombreuse et brillante, une scène assez singulière. Plusieurs personnes de la société demandent aux chiens de faire telle ou telle chose, ce qui s'accomplit à point nommé, quand tout à coup un de ces individus qui mettent leur bonheur à détruire celui des autres, parasite d'ailleurs et du premier numéro, s'avise de demander à l'un des chiens une chose impossible. Naturellement le chien échoue. Voilà mon homme riant et la société fort mécontente. Que fait la maîtresse de la maison? Elle dit à voix basse quelques mots à M. Léonard, qui, ensuite, demande, à l'un des gants, à l'autre un mouchoir, à celui-ci une clef, etc., et arrivé près de l'individu en question, il lui demande son chapeau, que l'autre donne sans défiance. M. Léonard dispose tous les objets demandés en cercle, au milieu du salon, puis il fait entrer dans le cercle un de ses chiens, qui s'assied sur son derrière et attend pour savoir ce qu'on exige de lui. « Mesdames, dit le maître, que désirez-vous que mon chien fasse de ces objets? — Qu'il aille au n° 7 en partant du mouchoir, dit la maîtresse de la maison. » Le chien obéit aussitôt, et se porte en face de l'objet désigné... c'était le chapeau. « Eh! bien, madame, que voulez-vous que mon chien fasse de ce chapeau? » Et voilà les dames qui se consultent à voix basse, en riant, et la maîtresse de la maison vient traduire à M. Léonard, aussi à voix basse, le désir commun... « Oh! fit M. Léonard, avec un geste de refus, demandez-moi tout autre chose, mesdames ; mais, pour cela, c'est impossible, et je n'oserai jamais. — Mais nous le désirons toutes! allez votre train, monsieur, je prends cela sur moi. » Alors M. Léonard, yivement pressé par toutes les amies de la maison, prend son parti, et ordonne à Philax de se considérer comme étant à la promenade, et de traiter le chapeau comme il traiterait une borne..... L'étrange résultat de cette injonction ne se fait pas attendre : le chien s'exécute bravement, sans s'inquiéter de la brillante assemblée qui riait aux larmes, ni du parasite importun et malavisé, qui se hâte de saisir son chapeau déshonoré et se retire furieux.

La sagacité de ces chiens était étonnante. Ils entendaient à demi-mot et faisaient toutes les commissions de la maison. On n'avait qu'à leur dire où ils devaient aller : l'un d'eux était porteur d'un panier dans lequel on mettait un petit billet. « *Allez chez le boucher!* » et ils partaient aussitôt pour revenir peu d'instants après avec la viande demandée. Fallait-il rapporter quelques objets de chez l'épicier, de chez le charcutier ? il en était absolument de même.

Il me tombe en ce moment sous les yeux la relation de faits identiques qui corroborent parfaitement tout ce que je dis. Cette relation, je la trouve dans le *Moniteur universel du soir*, *journal officiel de l'Empire Français.*

« *Un chien à tout faire.* — On va souvent chercher au loin des exemples d'intelligence exceptionnelle de la part des animaux, en voici un, dit *l'Indépendance belge*, que nous sommes à même de constater tous les jours *de visu*, puisque son auteur, — un levrier de race croisée, au pelage blanc marqué de roux, à l'instar des bœufs de Pierre Dupont, — habite la place Sainte-Gudule et y jouit d'une légitime popularité.

« Brillant, ainsi se nomme cette gloire de la gent canine, a depuis longtemps déjà, quoiqu'il ait à peine franchi le seuil de l'adolescence, cessé de remplir auprès de ses maîtres aucune des fonctions qui constituent ce qu'on peut appeler les métiers de chien. Brillant est monté en grade, il a franchi d'un bond la distance qui sépare la niche de l'antichambre ou de l'office : de simple veilleur de nuit il est passé messager, factotum, chien de confiance. Un peu d'arithmétique et de littérature, et on en fera un comptable, peut-être un secrétaire.

« Le matin, maître Brillant, la tête haute et

son panier crânement suspendu aux dents, fait sa première visite au boulanger, lequel, sûr de sa bonne conduite et de sa discrétion, s'empresse de lui remettre le pain de ses maîtres. De nouvelles courses attendent, au retour, le zélé commissionnaire qui, toujours muni de son panier, se rend successivement, et sur une simple indication verbale, chez l'épicier, chez la fruitière, à l'estaminet, où il apporte une bouteille vide qu'il remporte pleine, après avoir surveillé avec soin l'opération du mesurage et en avoir constaté la moralité.

« Plus tard, c'est le courrier de son patron qu'il faut porter à la poste, et rien alors n'est plus plaisant et à la fois plus intéressant que de voir Brillant une ou plusieurs lettres à la gueule dressé sur ses pattes de derrière au-dessous de la boîte de la grande poste, une de ses pattes de devant appuyée au mur, et, de l'autre, tirant par son vêtement soit un passant, soit le fac-

tionnaire, et le priant du geste de jeter les lettres dans la boîte, à l'orifice de laquelle sa
taille ne lui permet pas d'atteindre.

« Et tous ces prodiges de mémoire, de discer-
nement, de raisonnement pour ainsi dire, l'intelligent animal les accomplit dans un ordre
quelconque, à toute heure, sans être escorté ou
tout au moins dirigé par quelque signe, sans
jamais commettre ni erreur, ni quiproquo.

« Un jour, — il n'y a pas bien longtemps de cela, — il s'est trouvé un maraudeur assez cynique
pour voler au fidèle messager le litre de faro
qu'il rapportait du voisinage du passage Saint-
Hubert. Le pauvre Brillant rentra, ce jour-là,
bien humilié et bien triste, et l'on eut beaucoup de peine à le consoler de sa mésaventure. »

Braque et Philax ne redoutaient pas un pareil malheur, car ils sortaient toujours ensemble ; l'un, en qualité de commissionnaire,
portait le panier ; l'autre servait d'escorte

non-seulement contre les maraudeurs à deux pieds ou à quatre pattes qui auraient été tentés de s'approprier le contenu du panier, mais aussi pour défendre son camarade dans le cas où quelque mauvais drôle, connaissant toute la valeur de pareils animaux, aurait voulu s'emparer du commissionnaire lui-même.

On le voit, on peut faire d'un chien le meilleur, le plus alerte et le plus fidèle des serviteurs. A un chien tel que l'éducation peut le faire, il ne manque réellement que la parole.

Ce serait une erreur de croire que ces dispositions merveilleuses sont particulières à tel ou tel individu. Quand on voit un lévrier, dont la race est assurément la moins intelligente, faire ce qui est relaté ci-dessus, on peut en conclure que tous les chiens sont susceptibles d'être instruits. Ce n'est qu'une question de temps, de soins, de patience. Si l'éducation fait l'homme, l'éducation fait aussi le chien.

M. Léonard se proposait d'écrire un traité sur l'éducation des animaux, et particulièrement sur celle du chien. On doit regretter qu'il ne l'ait pas fait. Nul mieux que lui ne pouvait traiter une pareille matière ; l'éducation des deux chiens qu'il possédait était si complète, qu'elle parlait hautement et avec bien plus de vérité que toutes les réclames possibles en faveur de son système.

Ce qu'il n'a pas fait, j'oserai le faire, et je veux vous initier, bon lecteur, à la connaissance des ressorts que vous devrez mettre en jeu pour dresser votre fidèle compagnon, le seul, peut-être, qui ne s'éloigne pas de vous quand le malheur vous frappe, qui ne se lasse jamais de vous aimer, léchant la main qui le châtie, et qu'on a vu tant de fois, fidèle jusqu'à la mort, rester obstinément sur la tombe de son maître et s'y laisser mourir de faim... Quel exemple pour l'homme ! exemple, hélas ! si peu suivi !...

CHAPITRE VIII

—

Du choix d'un chien.

11

A moins que vous ne vouliez propager une
bonne race, il faut élever plutôt un chien qu'une
chienne. Celle-ci vous exposerait à une infinité
de désagréments. Quand elle serait en chaleur,
vous ne pourriez absolument rien en faire. Elle
attirerait chez vous, et autour de vous au dehors,
nombre de soupirants fort incommodes, et si
vous êtes chasseur, vous pourriez fort bien vous
trouver privé du service de votre chienne au
moment où il vous serait le plus nécessaire.
Malgré toute votre surveillance, vient-elle à
être couverte? C'est tout une série d'ennuis

qu'entraîne sa maternité. Ajoutez à cela que si, malgré toute votre attention, elle vient à être couverte par un chien beaucoup plus gros qu'elle, ou elle peut mourir des suites de l'accouplement lui-même, ou de la difficulté de mettre au jour des chiens relativement trop gros pour sa propre structure, ainsi que cela est arrivé à une petite chienne que possédait mon père : la pauvre Marmotte mourut en mettant bas.

Quant à ce qui est d'empêcher les chiens de monter à l'assaut, en cas que vous vouliez en préserver votre chienne, cela est possible, quoique assez difficile, surtout si vous sortez avec elle quand elle est en chaleur. Un de mes anciens compagnons d'armes, ayant une chienne d'arrêt qu'il ne voulait pas laisser couvrir, avait imaginé de fabriquer pour elle une sorte de cotte de maille en fil de fer, composée d'un ensemble d'anneaux dont les deux bouts pointus étaient coudés à angle droit et tournés en dehors, de manière à présenter tout un ensemble de pointes relevées : arme terrible, défensive et *offensive*, qui rendait impossible l'accouplement. L'idée de Dupin de la Gérinière était bonne, mais je le blâmai de la présence des pointes qui blessaient inutilement les galants trop empressés. Les anneaux fermés, c'est-à-dire ayant les deux extrémités du fil de fer rapprochées l'une de l'autre auraient suffi. L'inventeur de ce petit appareil, caparaçon d'un nouveau genre, prétendait dégoûter ainsi les chiens de renouveler leurs tentatives ; mais en réalité, et selon ce que je pus observer maintes fois, les pauvres bêtes ne perdaient ni espoir ni courage, quoique se mettant tout en sang. J'avoue que ces pointes me parurent toujours d'une cruelle inutilité.

Maintenant, il est clair que le choix que vous ferez d'un chien dépendra de l'usage auquel vous le destinez. Si c'est un chien de garde, bien que tout autre chien de forte taille puisse suffire, le mâtin sera celui qui conviendra le mieux pour garder la maison ou la ferme, car, nous l'avons dit, il est fort, courageux, assez intelligent et très-attaché à son maître. Si l'on choisit une femelle pour la garde, on la trouvera plus vigilante, mais un mâle sera plus vigoureux, plus hardi.

Le chien le plus convenable pour la chasse en plaine, à l'arrêt, est le chien braque; l'épagneul peut aussi être très-bien employé dans ce but; mais c'est surtout pour le gibier d'eau que ce dernier est préférable. Il va à l'eau avec plaisir; on dirait qu'il se sent là dans son élément. Ces deux espèces de chiens sont, avec le barbet, les plus intelligentes, et conséquemment les plus susceptibles d'éducation.

Évidemment la chasse à courre nécessite l'emploi du chien courant. La chasse du lapin se fera avec avantage au moyen de bassets, et surtout de bassets à jambes torses, dont l'allure dépourvue de vitesse permet au lapin de nombreux temps d'arrêt qui facilitent le chasseur pour le tirer. Quant aux grandes chasses à courre, j'en parlerai plus loin, en indiquant les meilleurs chiens à choisir pour cet usage.

Le chien courant est le chasseur par excellence ; mais il y a peu de fond à faire sur lui sous le rapport de l'éducation, et il en est de même pour le lévrier, dont généralement l'intelligence est fort restreinte, et encore y a-t-il des exceptions, comme nous l'avons vu en la personne de l'illustre *Brillant* ; mais jusqu'à plus ample informé on doit tenir ces exceptions pour rares. La conformation du cerveau, de forme allongée et déprimée à la partie antérieure, siége de l'intelligence, pourrait bien physiologiquement être cause de cette inaptitude du lévrier à une éducation suivie.

Ce dernier ne peut être employé avec succès qu'à la chasse, 1° pour coiffer le cerf, le loup et le sanglier; 2° pour chasser le lièvre, et encore dans les pays de plaine; car la vue chez lui est excellente, mais son odorat est relativement mauvais, en sorte que le moindre bois qui lui dérobe la vue de sa proie la lui fait perdre aussitôt; autre inconvénient: comme cet animal mène le lièvre à toute vitesse et qu'il finit par le prendre à la course, à moins d'avoir un bon cheval et d'arriver, pour ainsi dire, en même temps que lui, au moment où il force le lièvre, il arrive souvent que le chasseur ne survient que pour trouver la proie à moitié dévorée.

Le chien destiné à la garde des troupeaux est le chien de berger. Il y en a de deux sortes: les uns, destinés à préserver les bestiaux de l'attaque des loups, doivent être choisis grands, forts et courageux; s'il ne s'agit que de conduire le bétail, on doit donner la préférence

aux petits, qui sont actifs et infatigables. Parmi les premiers, il faut rejeter sur le champ
celui qui, à l'approche de l'ennemi, hérisse son
poil et vient chercher un refuge auprès du berger. Jamais l'éducation ne pourra dompter ce
sentiment de crainte. Le chien à opposer aux
loups doit être de bonne race, avoir la tête courte,
la gueule bien fendue ; il faut que ses yeux brillants annoncent son courage ; que son encolure
soit forte et épaisse, sa taille haute, sa robe de
couleur foncée. Si un tel serviteur est armé d'un
collier garni de pointes extérieurement, il n'y a
force de loup qui tienne, le chien se tirera avec
succès de la lutte, si toutefois il y en a une ; car
ordinairement le loup, si redoutable pour les
faibles, prend honteusement la fuite devant la
moindre résistance, à moins qu'il ne soit pressé
par la faim : un long jeûne lui fait alors
tout braver.

Le véritable chien de berger est communément de taille moyenne, couvert de longs poils noirs, peu susceptible d'attachement, mais merveilleusement propre à conduire les bestiaux, qu'au besoin il défend avec courage.

C'est quand cet animal atteint six ou sept mois, que l'on doit commencer à le mettre avec le troupeau. S'il y a déjà quelque vieux chien avec les bestiaux, l'exemple sera le meilleur. maître pour le nouveau venu. N'y a-t-il point de Mentor ? En peu de temps le berger et l'instinct auront fait comprendre au chien le rôle qu'il doit jouer et dont il s'acquittera bientôt à merveille.

Un chien qui s'acharne sur les moutons ou sur les vaches, au point de leur mordre les jambes et de les blesser, doit être corrigé sur le champ, pour éviter que le défaut ne s'enracine. Si le chien persiste, couplez-le avec un bélier et lâchez-les en les menaçant du fouet tant que vous pourrez les suivre. Le bélier, effrayé d'abord, entraînera le chien; mais quand vous cesserez de les poursuivre, le bélier se rassurera, et, chargeant le chien à coups de tête, lui ôtera pour toujours l'envie de maltraiter ses pareils. Quant aux chiens qui poursuivent les volailles et les tuent, pour les guérir entièrement de cette manie, prenez un petit bâton et fendez-le par un bout. Attachez une poule à l'autre bout, et, prenant la queue du chien dans la fente du bâton, liez cette portion fendue de manière à serrer assez fortement la queue du chien. Lâchez alors l'animal en l'effrayant par le bruit du fouet; il s'enfuit aussitôt, croyant que la douleur qu'il ressent à la queue est occasionnée par la poule qu'il traîne après lui. Enfin, à force de la traîner ainsi, il la tue, et, las de courir, il s'arrête et vient se coucher. Détachez alors le bâton et passez-lui trois ou quatre fois la poule morte sur la gueule.

CHAPITRE IX

—

Éducation du chien.

Par-dessus toutes choses, ne frappez jamais
votre chien. Les coups tendent à l'abrutir, à le
rendre craintif et par suite incapable d'éducation. C'est bien assez d'être obligé d'employer
le fouet pour corriger les chiens courants. Quand
vous voudrez obtenir quelque chose d'un chien
que vous avez battu, vous le verrez ordinairement la queue basse, se coucher le ventre en
l'air et ne rien faire de ce que vous lui deman-
derez. A la suite de quelques corrections un peu
rudes, vous le tueriez plutôt sur place que d'en
obtenir la moindre chose... plus il sera rudoyé,
plus il deviendra stupide.

Le chien est extrêmement sensible à la voix

de son maître, et il comprend, du reste, les sentiments qui agitent celui-ci lorsqu'il lui parle. Que le moindre mécontentement perce dans vos paroles, dans le ton qui les accompagne, et vous verrez aussitôt l'animal, l'oreille basse, vous regarder d'un air suppliant et comme en ayant l'air de vous demander grâce, s'il a commis quelque léger délit. Si la chose est plus grave, il vient vous lécher les mains, la queue basse, et se couche à vos pieds ; c'est sa manière de vous dire qu'il se rend, et qu'il demande son pardon.

Au contraire, si quelques paroles bienveillantes à son adresse sortent de votre bouche, voilà soudain le chien en liesse. Il agite sa queue, il a l'air de vous inviter à jouer avec lui, puis, tout à coup il part comme un trait, décrit un grand cercle, enfile une allée de jardin, revient par un autre chemin, arrive près de vous, cherche à vous exciter à le poursuivre, etc.

Les seules corrections permises envers un chien dont on veut faire l'éducation sont celles-ci : il faut le gronder plus ou moins vertement, selon le cas ; on peut lui donner une légère chiquenaude sur le nez ou une petite tape sur l'oreille, tout en l'admonestant ; on peut enfin, dans les cas sérieux et exceptionnels, le menacer du fouet en le faisant claquer près de lui, *mais il ne doit jamais en sentir l'atteinte.*

Croyez bien que le chien a une conscience très-nette de ses actes, du bien et du mal qu'il fait. Cela est tellement vrai que si, en votre absence, il a commis quelque délit, à la seule vue de l'animal vous devinez qu'il y a quelque chose de répréhensible dans sa conduite : sa queue et ses oreilles basses, son air penaud et repentant vous en disent bien long.

Quand vous êtes content de votre chien, quelques paroles de félicitation, quelques caresses, un très-petit morceau de sucre de loin en loin, seront des récompenses suffisantes et dont il se montre très-avide.

Il est facile de comprendre que c'est dès sa jeunesse qu'il faut que le chien soit instruit, et c'est quand il a six mois que l'on commence son éducation.

La première chose à lui apprendre, c'est de vous apporter un objet qu'on lui jette d'abord, puis qu'on place simplement loin de lui ; la seconde, de *reporter cet objet où il l'a pris*. On lui montre à apporter en jouant avec lui, et cela s'obtient assez facilement.

Quand, malgré tout, le chien se refuse à apporter, on attend qu'il ait un an. On prépare alors un collier de force, dont les pointes soient tournées en dedans, et terminé à chacune de ses extrémités par une boucle. On passe dans ces boucles une corde lâche. Il faut avoir ensuite un morceau de bois léger, d'en-

viron 30 centimètres, aux deux bouts duquel
on ajoute deux autres petits morceaux de bois
courts, figurant ainsi à chaque extrémité du
bâton un *moulinet*, dont cet instrument a pris
son nom. Le moulinet doit avoir sur ses an-
gles des dents comme une scie; premièrement,
pour forcer le chien à recevoir cet instrument
dans sa gueule en le lui frottant légèrement
contre les dents, secondement, pour l'empêcher
de trop serrer le moulinet, et, par suite, de trop
serrer également le gibier ou tout autre objet.
On jette le moulinet à quelque distance, en
disant au chien : *apporte!* S'il apporte le moulinet, on le caresse. S'il continue à ne pas
vouloir l'apporter, après plusieurs essais infruc-
tueux, on le conduit près du moulinet en tirant
doucement le collier, dont les pointes lui font
sentir sa faute; s'il ne prend pas de lui-même
le moulinet, il faut lui amener le nez dessus, et,
au besoin, le lui mettre dans la gueule, puis

tirer doucement la corde à soi, en disant au chien : *apporte ! apporte !* Quand il est venu à vous, on lui fait lâcher le moulinet en disant : *donne !* S'il ne veut pas s'en dessaisir, il faut lui montrer quelque friandise, en continuant de dire : *donne !* immanquablement le chien lâchera le moulinet pour prendre ce que vous lui montrez. On continue ainsi, tout en jouant avec l'animal, et, au bout de quatre ou cinq leçons, le chien sait rapporter et donner le moulinet, qu'on remplace bientôt par un mouchoir ou un vieux gant, pour accoutumer l'animal à vous apporter également tout autre objet que vous aurez jeté à distance.

Après ce premier exercice, il faut habituer le chien à s'asseoir sur son derrière en vous tournant le dos, quand il vous apporte l'objet demandé. Cela est nécessaire pour plusieurs raisons : d'abord vous n'êtes jamais exposé ainsi à voir vos vêtements salis par les pattes de l'animal, qui, autrement, viendrait souvent, comme mal, qui, autrement, viendrait souvent, comme un jeune fou qu'il est, se jeter sur vos jambes. En second lieu, quand il s'agit d'un chien qui doit servir à la chasse, on empêche ainsi qu'il ne vienne à vous assez brusquement pour faire partir votre fusil, comme cela est arrivé parfois.

Un exercice plus difficile consiste à faire reporter par le chien le moulinet où il l'a pris, sans être obligé d'y aller vous-même pour le recevoir de lui. Cela exige, dans le commencement, le concours d'un ami. En faisant voir ou jetant au chien l'objet voulu, on lui dit : « Va chercher ! Apporte ! » Le chien ayant obéi, on le récompense par quelques caresses et quelques friandises. Mais il est essentiel de ne jamais employer la crainte pour ce début : on ne pourrait alors jamais rien faire du chien. Il faut de la patience, beaucoup de patience, et si l'animal ne comprend pas le premier jour, il faut, sans se rebuter, recommencer le lendemain, et continuer.

13

J'ai parlé de la présence d'un ami quand il s'agit de faire reporter par le chien un objet où il l'a pris. En effet, vous jetez l'objet au loin, du côté où votre ami se trouve placé, et en disant au chien : « Va chercher ! Apporte ! » L'animal arrivé près de vous, vous lui dites : « Donne ! » Et vous habituez peu à peu le chien, sur cette seule parole, à ouvrir la gueule et à poser l'objet qu'il tient. Vous reprenez alors cet objet, et, le lui donnant, vous dites : « Reporte cela ! » et vous lui montrez votre ami, qui l'appelle en même temps et lui dit à son tour, quand le chien arrive près de lui : « Donne ! »

C'est ainsi que vous habituez par degrés le chien à aller quérir un objet quelconque et à le reporter à sa place, sur ces seules indications : « Va chercher ! Apporte ! — Donne ! — Reporte cela ! » Et il faut bien insister sur ce commencement d'éducation, parce que c'est la base de toute celle qu'on pourra lui donner plus tard, comme

on le verra ci-après, et une fois que l'animal
saura bien exécuter, à votre commandement,
ces deux choses contraires, vous pouvez regarder son instruction comme fort avancée.

En effet, vous placez d'abord loin de vous, par
terre, un mouchoir et des gants, je suppose;
puis, vous dites au chien : « Va chercher les
gants ! » Apporte-t-il le mouchoir? vous le
grondez, en ajoutant : « Non, non, reporte
cela ! — Apporte les gants ! » S'il apporte encore le mouchoir, vous lui donnez une légère
chiquenaude sur le nez, en disant : « Fi ! vilain,
reporte cela ! — Apporte les gants ! » Le chien
les apportera sans doute, à cette troisième
épreuve. Caressez-le alors, et appuyez sur l'expérience ; faites-vous apporter les gants plusieurs fois de suite, pour que l'animal les connaisse bien. Faites-en autant pour le mouchoir,
et voilà deux objets bien connus du chien, ce
dont vous vous assurez en lui faisant apporter

successivement l'un et l'autre de ces objets, dont il n'oubliera plus jamais les noms.

A la leçon suivante, vous placez par terre, à distance, le mouchoir et une clef. Vous dites à l'élève : « Va chercher le mouchoir ! » Il vous l'apporte. « Reporte le mouchoir ! — Apporte la clef ! » Il vous l'apportera très-probablement. S'il rapportait le mouchoir, un reproche. S'il l'apportait encore, une légère tape sur l'oreille. A la fin de la leçon, le chien doit parfaitement connaître la clef. Vous en substituez successivement une plus petite à une plus grande et vous arrivez ainsi à lui faire connaître que, jusqu'à la plus petite, c'est toujours une clef.

Voilà trois objets bien connus du chien. Vous agissez de même pour un quatrième, etc. Puis, vous en mettez plusieurs en ligne et vous les lui faites apporter et reporter successivement. Vous continuez jusqu'à ce que votre élève connaisse parfaitement tous les petits objets d'un usage habituel : un porte-monnaie, des ciseaux, un livre, un journal, des gants, un mouchoir, etc. Vous arrivez ainsi au point de placer en ligne une cinquantaine d'objets différents et de mettre le chien dans le cas de vous apporter celui qui aura été choisi.

Après les objets, viennent les couleurs : je suppose un mouchoir blanc et un mouchoir bleu, puis un rouge, un jaune, etc. Et ne craignez pas que le chien oublie rien de ce que vous lui aurez appris : il se souviendra parfaitement du nom qui s'applique à la chose.

Les menus objets et les couleurs connus, vous apprenez à votre élève le nom des différents meubles, en les lui montrant et lui disant : « Va à la commode ! — Va à la table ! etc. » Puis, quand il les connaît, vous lui enseignez à porter près de ces meubles divers objets.

C'est ensuite le tour des prépositions, avec lesquelles il faut le familiariser. Ainsi vous lui

13.

dites : « Pose tel objet *sur* la table ! » et vous l'aidez, au besoin, en appuyant sur la préposition et en dirigeant la tête de l'animal sur ce meuble. Vous ajoutez alors : « Donne ! » et le chien pose l'objet. Vous agissez de même pour lui faire déposer l'objet *sous* la table. Les prépositions *devant*, *derrière*, doivent être étudiées de même. « Pose *devant* le guéridon ! — Pose *derrière* le piano ! etc. » Vous appuyez toujours sur la préposition, de manière à frapper l'intelligence du chien, et il ne faut avoir ni paix, ni trève, jusqu'à ce qu'il ait compris et qu'il ait obéi.

Ce sera ensuite le tour des personnes : le *monsieur*, la *dame*, l'*enfant* ; puis la dame en rose, la dame en bleu, etc.

Après cela, viendront les différents lieux : le salon, la salle à manger, le corridor, la cour, le jardin. Il faut que votre élève connaisse tout cela, afin de pouvoir y venir chercher plus tard les objets dont vous pourrez avoir besoin, ou y rapporter ce dont vous n'aurez que faire. Exemple : vous êtes dans le bas de la maison et vous avez pris votre parapluie pour sortir : mais vous voyez le temps au beau et reconnaissez que vous allez vous embarrasser inutilement de cet objet. Vous le donnez à votre élève, en lui disant : « Reporte cela au corridor. » Et le chien prend votre parapluie, part comme un trait et le reporte au lieu indiqué, descendant l'escalier encore plus vite qu'il ne l'a monté, dans la crainte que vous ne sortiez sans lui.

Et retenez bien ceci : plus vous exercerez l'intelligence et la mémoire de votre élève, plus vite il comprendra ce que vous jugerez à propos de lui apprendre. Vous serez étonné de la rapidité avec laquelle il saisira, au bout de quinze ou vingt jours de leçons, ce que vous désirez qu'il fasse. Ce n'est réellement que ce temps-là qui sera pénible pour vous et pendant lequel vous aurez besoin d'une grande patience.

Quant au chien, il faut que vous en arriviez avec lui à ce point, que l'intelligence l'emporte entièrement sur l'instinct ; par exemple, vous mettez à la portée de l'animal de la viande, du lait, etc. Il faut que vous enfermiez le chien dans la pièce où seront ces objets, et qu'au bout d'une heure, quand vous rentrerez, il n'ait touché à rien. Cela paraît, au premier abord, extrêmement difficile à obtenir.... et cependant, c'est la chose la plus simple du monde ; il suffit, au bout des quinze ou vingt jours de leçons dont je parlais tout à l'heure, de lui montrer ces aliments, en restant vous-même dans la chambre et lui disant : « On ne touche pas ! » Au bout d'un certain temps, vous réitérez votre défense, en montrant au chien l'objet qu'il doit respecter, et vous sortez pendant une demi-minute ; rentrez ensuite et répétez votre défense ; sortez encore pour un peu plus longtemps ; renouvelez l'interdiction en rentrant et sortez alors pour un

temps beaucoup plus long…. Ne craignez rien ;
à votre retour, pour peu que votre élève soit docile et intelligent, vous trouverez tout intact.
Mais quoi, intelligent! les chiens le sont tous,
plus ou moins. Ils vous comprennent, en général, à demi-mot. Seulement, la plupart du temps
ils feignent de ne pas vous comprendre, parce
que ce que vous exigez d'eux les contrarie et se
trouve l'opposé des désirs que l'instinct leur
suggère.

Après ces leçons, vous apprendrez au chien à
connaître les lettres de l'alphabet. Pour cela,
vous dessinerez les différentes lettres sur de
grands cartons. Vous placez ensuite l'A et le B
à un bout de l'appartement, et vous demandez
à l'animal de vous apporter l'A. S'il l'apporte,
on le caresse et on le lui fait reporter. S'il apporte le B, on le gronde et on le lui fait remettre
en place. On ajoute plus tard le C à ces deux
premières lettres, puis le D, etc., en ayant soin

de fixer toujours son attention, de préférence, sur la nouvelle lettre ajoutée, mais en ne négligeant pas, pour cela, de lui faire apporter de temps en temps les lettres placées d'abord. On le voit, c'est toujours le même système : faire choisir le chien entre des objets déjà connus de lui, ou entre des objets qu'il connaît et des choses nouvelles. Au bout de quelques jours, on continue cet exercice avec des cartons plus petits, auxquels on en substitue, plus tard, de plus petits encore.

Si vous voulez que le chien connaisse les cartes, rien de plus facile. C'est encore le même procédé. Vous dessinerez et peindrez sur des cartons de grande dimension toutes les cartes qui composent un jeu de piquet, et vous les ferez apporter successivement par le chien, en les nommant d'abord par leur nom caractéristique : l'as, le roi, la dame, etc., et en les plaçant par deux au bout de la salle, puis par trois, par quatre, etc. Ceci bien compris, vous habituez le chien à connaître la couleur des cartes et à vous apporter à point nommé le sept de cœur, je suppose, que vous aurez étalé parmi les autres cartes du jeu. Il n'est pas plus difficile à l'animal de distinguer ce sept de cœur de la dame de pique, que de distinguer un étui à lunettes d'une paire de ciseaux. Toutefois, il ne faut se livrer à ces exercices qu'au bout d'un certain temps, et quand l'éducation du chien est avancée. Il est clair qu'en diminuant progressivement la grandeur des cartons, on arrive à faire apporter au chien des cartes ordinaires, ce qui paraît merveilleux aux témoins de ces choses qui ne demandent réellement qu'un peu de patience de la part du maître.

Venons maintenant à des choses compliquées, par exemple, à apprendre au chien à jouer aux dominos. Voici la marche. Vous préparez un certain nombre de cartons blancs, d'environ 30

centimètres de côté, sur lesquels vous marquez
avec de l'encre, en gros points noirs de 3 ou 4
centimètres de diamètre, les points tels qu'ils
sont sur un côté de dominos, depuis le blanc
jusqu'au six. Vous en préparez deux de chaque
sorte. Vous étalez ensuite une série de ces cartons
sur une seule ligne, vous prenez en main le
carton blanc pareil à celui qui est par terre, et
vous dites au chien : « Va chercher le blanc ! »
L'animal, qui doit connaître alors parfaitement
cette couleur, vous apportera de suite ce que
vous lui demandez. Vous lui faites voir ensuite
l'as que vous prenez à la main, en lui disant :
« Va chercher l'as ! » Le chien pourra hésiter ;
mais il faut lui montrer de nouveau le carton
que vous tenez, en réitérant le commandement, et ne cessez pas que l'élève n'ait obéi.
Vous lui faites alors reporter le carton à
sa place, et peu à peu vous l'amenez à n'avoir
plus besoin de répéter votre commandement:

il suffit, à la fin de la leçon, de lui montrer l'as que vous avez à la main.

Tenez-vous en là pour le premier jour. C'est déjà beaucoup que votre élève connaisse le carton blanc et le carton sur lequel se trouve l'as.

Le lendemain, vous agirez de même pour le deux et pour le trois, en ayant soin, cependant, de laisser le blanc et l'as parmi les autres. Mais n'exigez pas davantage du chien. Je le répète, c'est assez qu'il apprenne à connaître deux cartons par jour. Ainsi de suite pour le quatre et le cinq, puis enfin pour le six.

Les choses en étant à ce point, et quand votre élève connaît bien ses cartons, vous en fabriquez de plus petits, puis de plus petits encore, jusqu'au point d'en faire dont le carré ne soit guère plus grand que celui des dominos ordinaires.

C'est alors que vous faites des cartons de 60 centimètres de long sur 30 centimètres de large, et qui représentent des dominos ordinaires, mais beaucoup plus grands. En montrant au chien un de ces cartons, il doit prendre, parmi ceux qui sont étalés devant lui, un carton qui se rapporte à l'un ou à l'autre côté. Mais il faut observer de n'étaler par terre que quatre cartons ou grands dominos, et, quand il ne s'y trouvera aucun carton qui se rapporte à l'un des côtés de celui que vous tenez à la main, il faut absolument que le chien ne touche à aucun des quatre. Il reviendra à vous en vous regardant fixement, et pour peu que vous lui disiez : « Eh! bien, il n'y en a donc point? » ou quelque chose d'approchant, le chien ne manquera pas de se plaindre à sa façon, de ce qu'il ne saurait vous obéir.

Vous en venez successivement à diminuer la grandeur de vos dominos, comme ci-dessus.

Le reste va de soi-même, et il vous faudra bien peu de temps pour obtenir de votre élève qu'il s'exerce avec de vrais dominos et qu'il les apporte avec sa gueule du côté où ils doivent être placés, vous laissant, par exemple, le soin de les aligner et de les placer correctement. L'essentiel est qu'il les apporte où il faut.

Il est de toute évidence qu'on ne doit aborder ce genre d'exercice que quand l'intelligence et la mémoire du chien sont exercées depuis long-temps, et qu'il est devenu ainsi apte à comprendre sans trop de peine les choses compliquées.

Tels sont les moyens à employer pour l'éducation d'un chien. Ils sont, comme on le voit, des plus simples et des plus faciles : *choisir*, *apporter*, *reporter*. Il ne faut que du temps, de la volonté et de la patience. Je le répète : l'intelligence du sujet se développe à mesure qu'on la cultive, et il ne faut ni autant de soins, ni aussi longtemps qu'on pourrait se l'imaginer, pour donner à un chien une éducation parfaite.

Il est bon d'habituer, dès le principe, votre

chien à ne recevoir sa nourriture que de votre main et de celle d'une autre personne de la maison. Ce sera, indépendamment de ce que cela habituera le chien à ne toucher à rien, un moyen de le préserver lui-même contre toute tentative d'empoisonnement ; car il est aisé de concevoir qu'un animal aussi bien instruit est un être précieux, excitant l'envie ; il faut prévoir et prévenir la méchanceté de gens qui font souvent le mal pour le mal, et il en est beaucoup, hélas ! qui chercheraient à détruire votre fidèle et intelligent compagnon, uniquement pour vous nuire et pour vous faire de la peine. Telle est, malheureusement, une partie perverse de la race humaine. De plus, s'il s'agit d'un chien de garde, les conséquences d'un empoisonnement du chien par des malfaiteurs, peuvent être fort graves. J'aurais craint, pour Braque ou ou pour Philax, le ressentiment du mystificateur mystifié, dont il a été question dans le chapitre VII, si le maître de ces intéressants animaux n'eût prévu le cas, en les accoutumant à ne rien prendre que de sa main ou de celle de sa mère.

On obtiendra facilement que le chien ne reçoive rien à manger de personne, en l'habituant d'abord à ne rien toucher des aliments qui peuvent se trouver à sa portée (ceci est élémentaire), et en priant un ami de se munir d'un verre à moitié plein d'eau, de le tenir caché, et d'offrir au chien, de l'autre main, quelque chose de nature à flatter son goût. Aussitôt que l'animal fera mine d'y toucher, on lui jettera au nez l'eau contenue dans le verre. On arrivera au même but en changeant vivement de main, et en lui présentant brusquement une prise de tabac, au lieu de la viande qu'il croyait prendre ; et si l'on peut lui fourrer quelques grains de tabac dans le nez ou dans la gueule, l'expérience n'en sera que plus décisive.

14.

CHAPITRE X

—

Des services qu'on peut obtenir d'un chien.

Outre les services généraux et naturels qu'on
peut obtenir d'un chien, tels que la protec-
tion de son maître, la garde de la maison ou
d'un troupeau, la quête, l'arrêt et l'apport du
gibier, l'attelage à un traîneau, etc., le chien
est utilisé pour tirer de petites voitures légères, pour tourner des roues dans certaines in-
dustries. Les couteliers emploient ainsi des
chiens avantageusement. On accoutume facilement ces animaux à cet exercice; mais il est nécessaire qu'ils aient de la taille et de la force. On
peut obtenir d'un chien bien dressé une foule de

petits services, avant même que son éducation soit très-avancée.

Ainsi, quand il connaît les différentes pièces de la maison, les meubles et les menus objets de poche ou de toilette, vous pouvez l'envoyer chercher vos gants, votre chapeau, ou lui faire reporter à la maison votre livre, votre canne, etc. Vous pouvez l'envoyer chez un ami (qu'il doit connaître parfaitement, et par son nom), chercher votre portefeuille oublié, ou le journal. Vous pouvez habituer votre élève, et cela en très-peu de temps, à porter un panier comme nous l'avons dit et à aller chercher dans le voisinage, à l'aide d'un billet placé dans le panier, des objets de toute sorte, et même des comestibles auxquels il ne doit pas toucher, mais dont on lui donne une petite portion, à son arrivée, comme récompense de sa fidélité.

Rien de plus facile que d'habituer le chien à connaître le nom, et la demeure de toutes les personnes, chez lesquelles vous aurez l'intention de l'envoyer. Quand vous avez donné au chien les premières leçons, vous allez avec lui, je suppose, chez le boucher ; vous y laissez votre mouchoir, vous quittez la maison, et, après avoir fait quelques pas dans la rue, vous dites au chien : *Va chez le boucher ! va chez le boucher ! va chercher mon mouchoir !* Le chien retourne dans la boutique, sans hésiter, et vous rapporte le mouchoir, que vous renvoyez à la place où le chien l'a pris, en lui disant : *Reporte cela !* L'animal, à qui cet exercice est familier, reporte le mouchoir où il l'a trouvé, et vient vous rejoindre. Pendant ce temps-là, vous avez toujours marché ; vous renvoyez alors le chien prendre le mouchoir, en lui disant toujours : *Va chez le boucher, va chercher mon mouchoir ;* le chien l'apporte, vous le renvoyez de nouveau, ainsi de suite, pendant quatre ou cinq fois, toujours en vous éloignant davantage, jusqu'à ce qu'enfin, arrivé à la maison, vous l'envoyez une dernière fois chez le boucher, puis vous le caressez et lui donnez quelques friandises.

Le lendemain vous recommencez, mais vous ne laissez rien. Vous dites simplement au chien, à quelques pas de la boutique : *Retourne chez le boucher !* etc.; en sorte que, dès ce second jour, le chien sait parfaitement où il doit aller quand on lui désigne le boucher. Vous faciliterez cette manœuvre si vous avez habitué le chien à recevoir sa nourriture de quelque autre personne de la maison : cette personne se place chez le boucher, caresse le chien quand il y revient, et finalement lui donne quelque chose à manger au dernier retour.

Après le boucher, vous ferez connaître au chien de la même manière, l'épicier, etc.

Voyons maintenant quels services on obtient du chien dans des pays divers.

Le chien joue un grand rôle chez les Arabes. Gardiens vigilants et courageux du douar, ces animaux se réunissent pour donner la chasse aux étrangers. Pendant mon séjour en Algérie, j'allai visiter la tribu des Beni-Ourgin, près de Bône, et, en m'éloignant des tentes de la tribu, j'eus maille à partir avec une quinzaine de chiens blancs pareils à nos grands chiens courants, qui me firent une poursuite très-peu rassurante, et contre laquelle j'eus peine à me défendre en ouvrant de temps en temps mon parapluie, et en profitant de l'étonnement et de la crainte que cet objet inconnu inspirait à la troupe pendant quelques moments pour opérer ma retraite ; mais au bout de vingt pas, il fallait recommencer la même manœuvre.

Les sauvages de l'Amérique septentrionale ont toujours autour d'eux un grand nombre de chiens qu'ils ne caressent jamais. Ces chiens, qui sont tous de la même espèce, ont les oreilles droites et le museau allongé, à peu près comme les loups. Ils servent à chasser l'ours, l'orignal et le carcajou. On vante leur attachement à leurs maîtres, qui pourtant ne s'occupent point de leur nourriture. Ces animaux ne vivent que de ce qu'ils peuvent trouver : aussi sont-ils toujours maigres, et si dépourvus de poil, que leur nudité les rend fort sensibles au froid. S'ils ne peuvent approcher du feu, où ils ne pourraient tenir tous, quand même il n'y aurait personne dans la cabane, ils se couchent sur les premiers lits qu'ils rencontrent, et souvent on se réveille la nuit, presque étouffé par une troupe de chiens. En vain s'efforce-t-on de les chasser : ils reviennent aussitôt. Les missionnaires ont quelquefois bien de la peine à défendre leurs provisions contre la voracité de ces animaux.

Les chiens de l'isthme de Panama sont petits et mal faits : ils ont le poil long et rude. Quelque soin que l'on apporte à les dresser pour la chasse, ils ne servent qu'à faire lever le gibier, et de quatre cents bêtes qu'ils feront partir dans un jour, ils n'en prennent pas quatre à la course : mais s'ils peuvent les faire entrer dans quelque détroit, ils les y tiennent assez fidèlement bloquées jusqu'à l'arrivée des chasseurs.

Les Ostiacks attèlent depuis six jusqu'à douze chiens à un traîneau long de cinq mètres environ, sur soixante centimètres de largeur.

A moins de l'avoir vu, on aurait peine à croire avec quelle vitesse les chiens tirent ces traîneaux. Dès qu'ils sont en marche, ils ne cessent d'aboyer que lorsqu'ils ont atteint le premier relais. Si la traite est plus longue qu'à l'ordinaire, ils se couchent d'eux-mêmes devant le traîneau, et se reposent quelques instants. On leur donne un peu de poisson sec, et, après ce léger rafraîchissement, ils reprennent leur course jusqu'au relais. Quatre de ces chiens tirent très-bien en un jour un traîneau chargé de cent cinquante kilogrammes, pendant cinquante ou soixante kilomètres.

Dans la partie septentrionale de la Sibérie, on se sert fort communément de traîneaux tirés par ces animaux, soit pour voyager, soit pour transporter des marchandises. Il y a des postes aux chiens établies comme celles d'Europe, avec des relais réglés de distance en distance. Plus un voyageur est pressé, plus on met de chiens à son traîneau.

Au Kamschatka, le chien sert de cheval de trait pendant sa vie ; à sa mort, il habille l'homme de sa peau. Les chiens de ces contrées glacées, grossiers, rudes et demi-sauvages comme leurs maîtres, sont communément ou blancs, ou noirs, mêlés de ces deux couleurs, ou de couleur fauve, comme les loups; ils sont plus agiles ou plus vifs que nos chiens, quoique plus laborieux. Faut-il l'attribuer à un climat plus convenable? à une nourriture plus légère? ils vivent de poissons, rarement de viandes. Au printemps, quand ils ne sont plus nécessaires pour les traîneaux, on leur rend la liberté de courir où ils veulent et de se nourrir comme ils peuvent. Ils s'engraissent sur les bords des rivières ou dans les champs.

Au mois d'octobre, on les rassemble, on les attache pour les faire maigrir, et, dès que la neige couvre la terre, on les attelle pour traîner. Durant l'hiver, qui est la saison de travail pour eux, et de repos pour les hommes, on les nourrit avec de l'*opana*. C'est une espèce de pâte, ou de mortier, faite de poissons aigris, qu'on a laissé fermenter dans une fosse. On en jette dans une auge pleine d'eau la quantité nécessaire pour le nombre de chiens à nourrir. On fait chauffer ce mélange avec des pierres rougies au feu. Voilà le mets qu'on leur donne tous les soirs, pour réparer leurs forces, et leur procurer un profond sommeil. Dans le jour, ils ne mangent point, de peur d'être pesants à la course. On nourrit avec des corneilles ceux de ces animaux qu'on emploie pour la chasse, et les Kamschadales prétendent leur donner ainsi plus de nez.

Les animaux dont la chasse occupe les chiens dans ce pays, sont le renard et le bélier sauvage.

Quand le chien devient inutile par suite de l'âge, on le tue, ou l'on attend qu'il meure, et l'on prend sa peau. Celle des chiens blancs, qui ont le poil long, sert à border les pelisses et les habits faits de peaux plus communes.

Le traîneau des Kamschadales est fait de deux morceaux de bois courbés ; ils choisissent, pour cet effet, un morceau de bouleau qui ait cette forme ; ils le séparent en deux parties qu'ils attachent à la distance de trente-cinq à trente-huit centimètres, par le moyen de quatre traverses ; ils élèvent, vers le milieu de ce châssis,

quatre montants, qui ont dix centimètres d'é-
quarissage, à peu près. Ils établissent sur ces
quatre montants le siége, qui est un vrai châssis d'un mètre de long sur trente-cinq centimètres de large ; il est fait avec des morceaux
de perches légères et des courroies. Pour rendre
le traîneau plus solide, les Kamschadales attachent encore, sur le devant, un bâton qui tient,
par une extrémité, à la première traverse, et
par l'autre, au châssis qui forme le siége. Chacun de ces traîneaux est attelé de quatre chiens
qui ne coûtent que quinze roubles, tandis que
le harnais en coûte vingt. Aussi est-il composé
de plusieurs pièces.

Les traits, qu'on appelle *alaki*, sont deux
courroies larges et amples, qu'on attache sur les
épaules des chiens, à une espèce de poitrail :
chaque trait porte une petite courroie, avec un
crochet qui passe dans un anneau attaché sur
le devant du traîneau.

Le timon, *pobegenik*, est une longue courroie, attachée par un crochet, sur le devant du traîneau, et de l'autre bout, au milieu d'une petite chaîne qui tient les chiens de front, pour les empêcher de s'écarter.

Une courroie plus longue, qui sert de rênes, *ouzda*, tient par un bout au traîneau, comme le timon, et s'attache de l'autre à une chaîne qu'on attache aux chiens de volée.

Le Kamschadale conduit son attelage avec l'*ochtal*. C'est un bâton crochu d'un mètre de long, garni de grelots, qu'il secoue pour animer les chiens, criant *onga*, s'il veut aller à gauche ; *kna*, s'il veut tourner à droite. Pour retarder la course, il met un pied sur la neige : pour s'arrêter, il y enfonce son bâton. Quand la neige est glacée, il attache des glissoires d'os ou d'ivoire sous les semelles de cuir, dont les ais du traîneau sont revêtus : quand il y a des descentes, il lie des anneaux de cuir à ces semelles. Le voyageur assis, les jambes pendantes, a le côté droit vers l'attelage. Il n'y a que les femmes qui s'asseyent dans le traîneau, le visage tourné vers les chiens, ou qui prennent des guides. Les hommes conduisent eux-mêmes leurs voitures et vont à leur façon.

Cependant, quand il y a beaucoup de neige, il faut avoir un guide pour frayer le chemin. Cet homme précède les chiens avec des espèces de raquettes. Elles sont faites de deux ais assez minces, séparés dans le milieu par des traverses, dont celle de devant est un peu recourbée. Ces ais et ces traverses sont garnis de courroies qui se croisent pour soutenir le pied. Le conducteur prend les devants et fraie la route jusqu'à une certaine distance ; ensuite il revient sur ses pas et pousse les chiens dans le chemin qu'il leur a ouvert. Il se perd tant de temps à cette manœuvre, qu'on a de la peine à faire six kilomètres dans un jour, tant le sol est difficile et hérissé de broussailles ou de glaces.

Un Kamschadale ne va jamais sans raquettes, même avec son traîneau. Si l'on traverse un bois de saules ou de bouleaux, on risque de se crever les yeux ou de se rompre bras ou jambes, parce que les chiens redoublent d'ardeur et de vitesse à proportion des obstacles. Dans les descentes escarpées, il n'est pas possible de les arrêter. Malgré la précaution d'en dételer la moitié, ou de les retenir de toutes ses forces, ils emportent le traîneau et quelquefois renversent le voyageur. Alors il n'a d'autre ressource que de courir après ses chiens, qui vont d'autant plus vite que le véhicule est devenu plus léger. Quand le traîneau s'accroche, l'homme le rattrappe et se laisse emporter, rampant sur son ventre, jusqu'à ce que les chiens soient arrêtés, ou de lassitude, ou par quelque obstacle.

Une pareille manière de voyager ne serait guère du goût de nos dames ou de nos gandins.

Il est étonnant que les Kamschadales n'ha-
bituent pas leurs chiens à s'arrêter à la voix ;
puisqu'ils les font tourner à droite ou à gauche,
au commandement, comment l'idée d'employer
aussi la parole pour les arrêter ne leur vient-
elle pas ?

Les Esquimaux attellent leurs chiens au nombre de cinq ou six, à leurs traîneaux, composés
de poissons gelés et d'os de rennes grossière-
ment ajustés avec des lanières de cuir de bœuf
musqué ou de peau de veau marin. Quelques
uns de ces traîneaux n'ont que soixante-dix ou
quatre-vingts centimètres de longueur sur quarante de large ; d'autres ont d'un mètre à un
mètre trente centimètres de long. La partie qui
touche à terre est recouverte de glace, ce qui
en facilite le glissement. Quelquefois ces traîneaux sont fabriqués avec de la glace d'eau
douce, en forme de bassin elliptique peu profond. Deux de ces traîneaux, attachés ensemble,

contiennent souvent une quantité considérable
d'objets, et, en outre, une ou deux personnes (1).

La coutume des Esquimaux est de faire travailler leurs chiens pendant trois ou quatre jours et
de les laisser reposer le cinquième; autrement,
avec les longs voyages de leurs maîtres, et la
mauvaise nourriture qu'ils en reçoivent en poissons secs et débris de veaux marins, et encore
en quantité insuffisante, les pauvres chiens
succomberaient bientôt. Toutes les fois que les
naturels de ces pays glacés venaient rendre
visite au capitaine Ross, il fallait que son équipage veillât sur les manteaux, les gants et
les autres vêtements de peau que, sans cette
précaution, les chiens eussent promptement
dévorés, et c'est ce qu'ils firent plusieurs fois.
On a vu de ces malheureux animaux affamés

(1) Relation du second voyage fait à la recherche
d'un passage au nord-ouest, par sir James Ross,
tome 1er, page 332, et tome II, page 274.

se jeter sur les traîneaux mêmes pour en dévorer les matériaux.

Comme les chiens servent aussi à chasser les rennes et les bœufs musqués dans ces solitudes immenses et désolées, il arrive parfois qu'à la vue de l'un de ces animaux, les chiens attelés à un traîneau s'emportent après lui, s'acharnant à sa poursuite jusqu'à tomber de fatigue et d'épuisement, ou jusqu'à ce que le traîneau, à moitié fracassé dans cette lutte désordonnée, soit arrêté entre les rochers ou entre deux blocs de glace.

Le prix d'un des meilleurs chiens de ces climats est ordinairement un couteau.

La chasse du bœuf musqué intéressera peut-être le lecteur. On y verra que, outre les grands services que le chien rend aux Esquimaux comme s'attelant à leurs traîneaux, il joue un rôle important dans les chasses que ces peuples font aux animaux sauvages ; d'autant plus que la voracité des Esquimaux et la quantité incroyable de nourriture qu'ils consomment, font que ces pauvres gens sont presque constamment occupés à chercher de quoi satisfaire leur monstrueux appétit. Je vais donc raconter une de ces chasses, laissant parler le capitaine Ross. Un Esquimaux qui lui servait de guide avait découvert les traces du passage récent de plusieurs bœufs musqués. « Poo-yet-tah, dit le capitaine, prit son arc et ses flèches et partit, emmenant deux de ses chiens en laisse, et me recommandant de le suivre avec mon fusil et mon chien favori Tup-to-ach-ua.

« En arrivant près des traces qu'il avait trouvées, il découpla ses chiens, et je mis aussi le mien en liberté. Ils partirent sur le champ avec la rapidité de l'éclair, et nous les perdîmes bientôt de vue, la nature du terrain ne permettant pas que nos regards s'étendissent bien loin. Cependant sa politesse le portait à croire que j'étais trop fatigué pour courir comme lui après les chiens et le gibier ; il ralentit son pas et refusa de me laisser en arrière, quoique je l'y engageasse de peur de perdre notre proie. Il me répondit que nos chiens connaissaient leur besogne.

« Nous continuâmes donc à marcher assez péniblement pendant deux heures environ sur un terrain fort inégal et couvert d'une couche épaisse de neige. Voyant alors que les traces des chiens ne suivaient plus celles des bœufs, mon guide en conclut qu'ils avaient trouvé un de ces animaux, et qu'ils en tenaient au moins un en arrêt. Je reconnus bientôt qu'il ne se trompait pas, car lorsque nous eûmes tourné le coin d'une montagne, la vue d'un superbe bœuf arrêté devant nos trois chiens nous guérit à l'instant de notre fatigue, et nous courûmes pour les seconder.

« Cependant Poo-yet-tah prit l'avance sur

moi, et il décochait sa seconde flèche quand j'arrivai. Nous vîmes qu'elle avait frappé sur une côte, car elle tomba sur-le-champ à terre, sans même distraire l'animal dont toute l'attention était fixée sur les chiens qui continuaient à le harceler en tournant autour de lui ; ils lui mordaient les jambes quand il se retournait pour leur échapper, et battaient en retraite quand il leur faisait face. L'animal tremblait de rage et faisait tous ses efforts pour atteindre ses ennemis agiles, mais ils avaient acquis trop d'expérience à cette chasse pour se laisser atteindre par lui.

« Il était aisé de voir que les armes de mon compagnon étaient de peu d'utilité dans ce genre de combat, ou du moins qu'il lui faudrait plusieurs heures pour remporter la victoire ; car il continuait à tirer sans paraître produire aucun effet, ayant beaucoup de difficulté à trouver une occasion favorable pour décocher

ses flèches et perdant ensuite beaucoup de temps
pour aller les ramasser. Indépendamment du
prix que j'attachais à un pareil gibier, j'étais
charmé de pouvoir montrer à mon guide la
supériorité de nos armes ; je fis donc feu sur
l'animal avec deux balles à la distance d'environ huit toises. Le coup porta et le bœuf tomba ;
mais se relevant à l'instant même, il courut sur
nous. Nous étions à côté l'un de l'autre, et nous
nous réfugiâmes derrière une pierre énorme
qui se trouvait heureusement près de nous. Le
bœuf, en nous poursuivant, s'y frappa la tête
avec une telle force, qu'il tomba de nouveau
avec un bruit qui fit retentir la terre.
Mon guide prit son couteau pour l'en percer,
mais, le voyant se relever encore une fois, il
chercha un refuge derrière les chiens, qui re-
commencèrent leur attaque. L'animal perdait
tant de sang que ses longs poils en étaient couverts, mais il semblait conserver toute sa force

16.

et toute sa rage, et il s'avança avec la même férocité.

« J'avais rechargé mon fusil derrière la pierre, et je me préparais à tirer un second coup, quand l'animal se précipita sur moi. Poo-yet-tah fut vivement alarmé, et me cria de me replacer derrière la pierre; mais j'avais eu le temps d'ajuster l'animal; je tirai successivement mes deux coups quand il ne fut plus qu'à deux ou trois toises, et il tomba pour ne plus se relever. La vue de son ennemi terrassé fit crier et danser de joie mon guide, et quand il arriva, il trouva le bœuf mort, une balle lui ayant traversé le cœur, et une autre lui ayant fracassé l'épaule à la jointure. Poo-yet-tah fut saisi d'étonnement en voyant l'effet des armes à feu. D'abord il examina soigneusement les trous que les balles avaient faits à la peau de l'animal, et me fit remarquer que son corps avait été traversé de part en part. Mais ce fut la vue de l'épaule fracassée qui lui causa le plus de surprise, et je n'oublierai pas aisément l'air de terreur avec lequel il me dit, en me regardant en face : *Now-ek-poke* ! (Elle est brisée !) »

Les Esquimaux boivent le sang du renne et du bœuf musqué pendant qu'il est encore chaud. La chair de ce dernier animal est très-bonne et ce n'est que dans la saison du rut qu'elle prend un goût et une odeur de musc insupportables. Un de leurs mets de choix est ce qui se trouve dans l'estomac du renne. C'est un mets dont notre délicatesse peut se révolter à bon droit, mais qui doit être utile et salutaire pour ces peuples, au milieu de la nourriture animale dont ils se repaissent constamment, car il est presque impossible qu'ils puissent se procurer d'autres végétaux susceptibles d'être mangés. Par contre, ils ne mangent jamais ce qu'ils trouvent dans la panse du bœuf musqué.

Quant à l'appétit de ces hommes, ou plutôt

leur voracité, il faut savoir qu'en moins de rien
chacun fait disparaître quatorze livres de poisson ou cinq à six livres de chair de renne, de
bœuf musqué ou de veau marin, et l'huile ex-
traite de la graisse de ces derniers animaux
constitue la boisson dont ils font aussi une con-
sommation prodigieuse. Quand un saumon et
demi suffit au repas de cinq Européens, chacun
des Esquimaux invités à dîner avec eux, dévore
deux de ces poissons. Les neuf cuisiniers du
prince de Talleyrand, malgré tous leurs talents
et toutes leurs ressources, auraient eu peine à
suffire aux exigences de pareils convives (1).

Manger est une occupation qu'ils ne négligent
jamais, tant qu'ils ont quelques aliments. « Tout
ce que nous avions appris de ces hommes
gloutons en vivant parmi eux, ne pouvait diminuer la surprise que nous éprouvions en voyant

(1) Ouvrage précité, tome Ier, page 397, et tome
II, page 156.

des preuves toujours nouvelles de leur appétit insatiable, de la capacité de leurs estomacs, et de la facilité avec laquelle ils digéraient cette prodigieuse quantité de nourriture. Il est impossible qu'ils mangent ainsi par faim, ou même par appétit ; nulle créature humaine, gouvernée par l'instinct de l'appétit seul, ne peut éprouver de tels besoins, de quelque manière que la nature dispose de cet énorme superflu. Nul animal, quelque carnivore, quelque vorace qu'il soit, n'agit de cette manière : le glouton même, en dépit de sa réputation, et quelque mérité que puisse être le nom qui lui a été donné, satisfait sa faim, et n'en désire pas davantage. L'homme seul mange uniquement pour manger, pour satisfaire son goût, et non un besoin naturel, et peut-être est-ce aussi l'effet de la cupidité, qui veut s'approprier exclusivement ce qui pourrait suffire à plusieurs. Voilà donc ce qu'on appelle un être raisonnable !

Mais dans le cas dont il s'agit, comme dans beaucoup d'autres, cette raison sert, non à réprimer les passions malfaisantes, mais à les encourager, en un mot à rendre l'homme, quand telle est sa volonté, l'animal le plus pernicieux de toute la création (1). »

Les faits observés par le capitaine Ross et les réflexions dont il en fait suivre le récit, m'ont paru dignes de l'attention du lecteur ; c'est pourquoi je n'ai pas hésité à leur donner place.

Malheureusement pour la gent canine, il y a des pays où l'on tire du chien un service d'un autre genre que ceux décrits ci-dessus. Ce service est le dernier que rend la pauvre bête ; elle ne le rend qu'après sa mort... En Chine, à Otahiti et dans quelques contrées d'Amérique, les chiens servent à l'alimentation, et se vendent à la boucherie. C'est chose curieuse, en Chine, que de voir un grand nombre de chiens rassem-

(1) Ouvrage précité, tome Iᵉʳ, page 424.

blés par les cris de ceux qu'on va tuer, fondre
en corps sur les bouchers, qui n'osent marcher
sans être armés de longs bâtons ou de fouets,
pour se défendre contre leurs attaques, et qui
ferment soigneusement leurs boucheries pour
se mettre à couvert.

Les nègres préfèrent la chair du chien à
toute autre nourriture, et le mets le plus déli-
cieux de leurs festins est un chien rôti. Ce même
goût pour la chair du chien se retrouve chez les
sauvages du Canada.

On mange aussi les chiens à la nouvelle Zélande.
On les y nourrit uniquement pour cela. Les néo-
Zélandais tirent beaucoup de vanité d'une fourrure de chien. Comme ces animaux ne sont pas
abondants en ce pays, les naturels en coupent la
peau par bandes, qu'ils cousent sur leur habit à
quelque distance l'une de l'autre. Ils attachent
aussi une grande valeur aux dents de ces
animaux. Dans ces régions, les chiens sont à

longs poils, ont des oreilles pointues et **ressem-**
blent beaucoup à nos chiens de berger. Les uns
sont tachetés, d'autres entièrement noirs, et
d'autres parfaitement blancs. Ces chiens se
nourrissent de poisson, et des mêmes aliments
que leurs maîtres, qui les attachent par le
milieu du corps. Comme du temps de Cook il
n'y avait pas d'autres quadrupèdes que des
chiens et des rats dans ces grandes îles, les
naturels donnaient le nom de grands chiens
aux vaches et aux chèvres que le capitaine
avait sur son vaisseau.

A Otahiti, on engraisse les chiens, puis on les
tue en leur serrant fortement avec les mains le
nez et le museau, triste opération qui dure plus
d'un quart d'heure.

Pendant ce temps-là, une autre personne fait
un trou en terre, d'environ trente-cinq centimètres de profondeur, dans lequel on allume du
feu, et l'on y met des couches alternatives

de petites pierres et de bois, pour le chauffer. On tient ensuite le chien pendant quelque temps sur la flamme, et, en le raclant avec une coquille, tout le poil tombe, comme s'il avait été échaudé dans l'eau bouillante. On fend le chien avec la même coquille, et l'on en tire les intestins qui sont lavés avec soin dans la mer et mis en réserve dans des coques de noix de cocos, ainsi que le sang qu'on tire de l'animal en l'ouvrant. On ôte le feu du trou, quand il est assez échauffé, et on met au fond des pierres qui ne sont pas assez chaudes pour changer la couleur de ce qu'elles touchent : on les couvre de feuilles vertes sur lesquelles on place le chien, avec ses intestins ; on étend sur l'animal une seconde couche de feuilles vertes et de pierres chaudes, et l'on bouche le trou avec de la terre. Moins de quatre heures après, on le rouvre, et l'on en tire le chien très-bien cuit. Beaucoup de personnes trouvent que c'est un mets fort délicat... Mais j'avoue que pour mon compte, je pense que Dieu n'a pas donné à l'homme cet excellent compagnon, pour un usage aussi indigne et aussi barbare. Pauvre animal, si affectueux, si dévoué à son maître ! n'est-ce pas le cas de citer ici le mot de cet indigent, que les membres d'un bureau d'assistance publique voulaient priver de son chien, en donnant pour raison à ce malheureux, que cet animal était une charge pour lui et une charge aussi pour le bureau de secours. « Ah ! messieurs, s'écria le pauvre diable, qui donc m'aimera, si vous m'ôtez mon chien ? C'est mon seul ami. »

CHAPITRE XI

—

Du chien de garde ou de basse-cour.

Le chien de garde ou de basse-cour est,
à proprement parler, le mâtin ou le *dogue*. Il
doit avoir pour lui la force, l'intelligence, le courage, l'activité, et l'attachement, toutes qualités
précieuses qu'il est rare de trouver réunies chez
le même sujet. Si le naturel du chien est bon,
l'éducation lui aura bientôt donné ce qui peut
lui manquer.

On tient ces chiens enchaînés, ou dans une enceinte grillée, ou en liberté. Un chien en liberté
est dangereux pour les étrangers inoffensifs,

car il peut se jeter sur eux à l'improviste, et les blesser grièvement, de manière à vous entraîner vous-même dans des dommages-intérêts qui peuvent être considérables. Ainsi un chien en liberté chez moi mordit un facteur de la poste, quoiqu'on eût averti ce dernier de ne pas entrer ; il fallut néanmoins s'exécuter, et donner à cet homme de quoi se reposer pendant quelques jours. Heureusement la morsure était sans gravité.

Il n'en fut pas de même chez M. T., propriétaire à la Verrerie, près Amboise. La personne mordue par le chien, ordinairement libre dans la cour, fut très-grièvement blessée et M. T. condamné à lui servir une pension alimentaire et viagère.

Un chien enchaîné court le risque de rompre sa chaîne dans les efforts qu'il fait pour s'élancer contre les étrangers, et peut occasionner ainsi les mêmes accidents. Il est vrai que la chaîne a cela de bon, qu'elle rend le chien très-méchant, et, par conséquent, très-redoutable pour les malfaiteurs. Si l'on choisit ce moyen, il sera prudent d'avoir un collier solide, et une chaîne forte et parfaitement scellée.

L'enceinte grillée est certainement la meilleure. Pour cet effet, on adosse la loge du chien contre un mur et on l'entoure d'une balustrade ou d'une ligne de pieux assez serrés pour que le chien ne puisse pas passer entre deux, et assez élevés pour qu'il n'ait jamais la possibilité de franchir la clôture.

De toute manière, on détache le chien pendant la nuit, afin de le laisser rôder autour des bâtiments et faire son service de gardien. Quand on le tient enchaîné, il est bon de le détacher pendant une demi-heure au moins, vers le milieu du jour, pour qu'il puisse prendre un peu d'exercice et faire ses nécessités; d'autant plus, qu'il y a tel chien qui préfère souffrir du besoin, que de

rendre ses excréments à si petite distance de
sa loge.

Quant à cet abri, il doit être situé de manière
à ce que l'entrée n'en soit pas battue par les vents
du nord et du nord-ouest ; l'exposition du midi
est trop chaude en été, et favorise la production
des insectes parasites qui tourmentent les chiens.
La meilleure exposition est celle du levant.

Il ne faut pas mettre le chien trop tôt à l'attache,
parce que s'il est trop jeune pour être ainsi captif,
par suite, les efforts continuels qu'il fait pour se
lancer en avant le contraignent à prendre un
point d'appui sur son cou et sur la partie antérieure de son corps ; le résultat est que ses jambes
de devant n'ayant pas encore atteint toute leur
force, perdent leur aplomb, se contournent en
dedans ou en dehors, et rendent ainsi l'animal
contrefait. Cet inconvénient n'a pas lieu pour
un chien enfermé dans une petite enceinte.
Quand l'animal est entièrement formé, on peut

le mettre à l'attache sans aucun inconvénient pour lui-même.

Un bon chien de garde s'instruit en quelque sorte tout seul, et il faut bien peu de temps pour que son instinct lui fasse connaître quel rôle il doit remplir dans l'habitation. Il est inutile et dangereux de l'exciter et de chercher à le rendre méchant. La chaîne et la clôture suffisent pour produire naturellement cet effet et, dès qu'il a compris qu'il est chargé de défendre la maison et ses habitants contre les malfaiteurs, on peut s'en rapporter à lui : il saura bien mettre le bon ordre où et quand il le faudra. C'est particulièrement pour le chien de garde qu'il est bon d'employer les moyens que nous avons indiqués au chapitre IX. Il est indispensable qu'un tel chien soit instruit à ne rien prendre que de la main de ses maîtres. Si vous voulez dormir en toute sécurité, il faut absolument que votre gardien soit habitué à ne manger que ce que vous lui donnez. Il doit pouvoir passer vingt fois, pendant la nuit, à côté de quelques morceaux de viande, cuite ou crue, jetés là comme par hasard, pour le tenter, sans y toucher plus que si c'étaient des pierres, et le matin vous devez retrouver votre viande intacte. C'est alors que vous le dédommagerez en l'amenant le nez sur les morceaux, successivement, et lui disant : « Pille ! » sur le dernier, qui deviendra ainsi la récompense de sa fidélité. Mais n'oubliez pas que c'est un point des plus importants de son éducation, et vous devez ne rien négliger pour atteindre ce but ; autrement, on a malheureusement des exemples de chiens auxquels on a jeté par-dessus les murs de la cour des boulettes empoisonnées, et dont la gloutonnerie a causé la mort, et, par suite, celle de leur maître, et le pillage de l'habitation restée sans défense.

Il est aussi extrêmement important qu'un chien de cour connaisse parfaitement la voix de ses maîtres, même celle des enfants de la maison, et leur obéisse aussitôt ; car il peut arriver, quand le chien est détaché, qu'on n'ait de ressource que la voix pour l'arrêter, s'il veut se jeter intempestivement sur quelque étranger. Cherchez donc alors un fouet, ou un bâton !.. la personne aura reçu de graves blessures avant que vous n'ayez pu mettre le chien à la raison.

D'un autre côté, il ne faut pas souffrir que votre chien de garde soit caressé par tout le monde et se familiarise avec les étrangers. Il doit connaître vos intimes amis, et tenir en crainte toute autre personne. Différemment, quand vous croyez avoir un bon gardien dans votre demeure, vous n'avez qu'un animal absolument inutile, et que vous nourrissez en pure perte.

Donnez pour nourriture, au chien de garde ou de basse-cour, de la soupe faite avec les eaux grasses et les débris de la table et de la cuisine.

Du pain, dans lequel entrera de la farine de seigle, lui conviendra très-bien. Ce pain le rafraîchira et lui tiendra le ventre libre, chose très-nécessaire avec ces animaux qui sont généralement fort échauffés. Il est facile de voir qu'ils ont presque toujours beaucoup de peine à rendre leurs excréments.

Il est indispensable que le chien ait toujours de l'eau à sa portée. Elle doit être souvent renouvelée, surtout en été; et il ne suffit pas de vider la vieille eau : il faut passer la main ou mieux quelque balai dans le vase, pour en détacher le limon qui donnerait à l'eau un très-mauvais goût et la rendrait malsaine.

Les soins à donner au chien de garde, et, en général, à tous les chiens de cour se rapprochent de ceux que l'on doit donner à une meute, et qui seront exposés en détail dans le chapitre suivant.

CHAPITRE XII

Des chiens de chasse.

La chasse est un art dont l'origine se perd
dans la nuit des âges. Les premiers hommes
ont dû vivre de la vie que mènent encore à
présent les peuples sauvages, dont les seules
occupations se bornent à chasser, à pêcher, à
manger et à dormir. Dès les premiers temps,
l'homme a dû associer à ses exploits cynégé-
tiques l'animal qu'il avait dompté et dont il avait
asservi toute l'espèce.

Puisque cet art est toujours en honneur chez
nous, et que parmi plusieurs animaux nuisi-

bles, dont la destruction est nécessaire, il s'en trouve d'autres d'une complète innocuité, et qui deviennent les victimes innocentes de la passion de la race mortelle pour le coup de fusil et la mise à mort de toute espèce de gibier, exposons d'abord les qualités que les Grecs exigeaient dans leurs chiens de chasse, qualités qui sont encore recherchées de nos jours. Laissons parler Xénophon : « D'abord, il faut que les chiens de chasse soient grands, qu'ils aient la tête légère, courte et nerveuse ; le bas du front marqué de rides ; les yeux élevés, noirs, brillants ; le front haut et large ; les interstices prononcés ; les oreilles grandes, minces, sans poil par derrière ; le cou long, souple, rond ; la poitrine large, assez charnue où elle quitte les épaules ; les omoplates un peu distantes l'une de l'autre ; le train de devant court, droit, rond, musclé ; les jointures droites ; les côtes pas tout à fait plates, mais se dirigeant d'abord trans-

versalement ; les reins charnus, ni trop longs
ni trop courts ; les flancs ni trop mous ni trop
fermes, ni trop grands, ni trop petits ; les hanches
arrondies, charnues en arrière, assez épaisses
par le haut, et comme se rapprochant intérieu-
rement ; que le bas-ventre et les parties adja-
centes soient mollettes ; la queue longue, droite
et fine ; les cuisses fermes, les *hypocalies* (testicules) ronds, bien compacts ; le train de derrière beaucoup plus haut que l'avant-train, et
cependant dans une juste proportion ; les pieds
arrondis.

« De pareils chiens annonceront de la force,
seront toujours bien proportionnés, alertes, gais
et *bien en gueule*. Il faut que les chiens quêtent
en quittant promptement les sentiers battus,
tenant toujours le nez contre terre, montrant
de la joie aussitôt qu'ils ont saisi la trace, rabat-
tant les oreilles, portant les yeux çà et là, frappant de leur queue, qu'ils roulent et déroulent,

18.

et s'avançant tous ensemble sur la trace du gibier.

« Quant à la couleur des chiens, il faut qu'elle ne soit ni rousse, ni noire, ni tout à fait blanche; ces couleurs annoncent un animal vulgaire, sauvage et non de bonne race. Les roux et les noirs doivent avoir du poil blanc aux environs du front; les blancs seront marqués de roux au front; je veux un poil droit et long au haut des cuisses, de même qu'aux reins et à la queue, mais plus court sur le dos. » (*Traité de la Chasse de Xénophon*, traduction de Gail, chap. 4.)

L'observation et l'expérience ont démontré qu'il ne fallait pas prendre au pied de la lettre ce que dit Xénophon au sujet de la couleur des chiens. Les chiens blancs ne sont ni meilleurs ni plus mauvais que les autres. Ils ont même sur les autres chiens un grand avantage, c'est qu'on peut les apercevoir de fort loin. Il n'en est pas de même des chiens noirs, gris ou roux.

Ne cherchez pas, non plus, à trouver réunies dans un même chien toutes les qualités voulues par l'auteur grec. Cet animal modèle, ce chien type n'existe peut-être même pas. Mais l'essentiel, s'il s'agit d'une meute, est que les chiens soient tous à peu près de la même taille, afin d'être plus assuré qu'ils seront de la même vitesse, ou, comme on dit en termes de vénerie, *du même pied.*

La plus belle race de chiens courants est la race anglaise : ceux connus sous le nom de *chiens du cerf* n'ont pas moins de 66 à 70 centimètres de hauteur. Quand ils sont convenablement dressés, ce sont les meilleurs de l'Europe. Le croisement de cette race avec la belle race française a produit une infinité de variétés, qui, toutes, ont leurs qualités et leurs défauts ; mais l'éducation peut parfaitement faire justice de **ceux-ci.**

DU CHENIL.

Il faut, autant que possible, que les chiens qu'on destine à la chasse, soient enfermés dans une cour séparée. N'eussiez-vous qu'un chien d'arrêt, si vous le laissez vaguer dans la maison, il ira certainement à la cuisine, se gâter le nez à la chaleur du foyer ; là, malgré votre défense, on lui donnera incessamment des os et de la viande. De plus, il caressera tout le monde, et ne pourra plus vous servir tout à la fois de chien de chasse et de chien de garde, tandis qu'il remplira parfaitement ce dernier objet en le tenant enfermé dans une cour à part, si petite qu'elle soit.

Que vous ayez un ou plusieurs chiens, il faut que le chenil ait son ouverture au nord ou au levant, autant que possible. L'exposition du petit bâtiment au midi ou au couchant ne vaut rien, à cause de la grande chaleur qui fatigue beaucoup les chiens et concourt à la production d'une quantité considérable de vermine. Pour prévenir la multiplication des insectes parasites, on a soin que les murs soient bien crépis, et le mieux est de les faire enduire d'une légère couche de ciment romain, de manière que leur surface ne présente pas d'interstices. On a soin de faire sortir les chiens du chenil tous les mois, et d'y brûler alors quelque peu de paille, pour détruire les parasites qui pourraient s'être réfugiés dans les coins. Le mieux est de brûler la paille même qu'on avait donnée aux chiens pour se coucher, et qu'on doit renouveler souvent.

Dufouilloux, qui est encore une autorité respectable, conseille d'avoir près du chenil une chambre à cheminée, pour pouvoir y faire du feu dans les grands froids, ou quand les chiens reviennent tout mouillés de la chasse. Il est certain que cela ne pourrait que contribuer à leur

santé ; mais il est rare qu'on prenne cette précaution, et les pauvres animaux sont souvent
victimes de ce manque de soin.

Il faut toujours tenir de l'eau propre, et en
quantité suffisante, dans la cour du chenil. Un
filet d'eau courante, qui traverserait cette cour,
serait précieux. On plante çà et là quelques
piquets d'un mètre de hauteur, entourés de
paille, pour que les chiens viennent uriner
contre. On évite ainsi qu'ils salissent la paille
où ils couchent. Si on donne cette hauteur aux
piquets, c'est pour que les chiens ne viennent
pas se blesser contre les piquets en jouant ou en
se battant ; car il en est dans l'espèce canine
comme dans l'espèce humaine : la concorde n'y
règne pas toujours.

NOURRITURE DES CHIENS.

Il faut bien se garder de donner de la viande
à ces animaux : d'abord, c'est le moyen de les

dégoûter de toute autre espèce d'aliments ; de plus, l'usage habituel de la viande les rend galeux et abrège leurs jours. Il leur survient d'abord sur la peau du dos des rougeurs qui leur causent des démangeaisons insupportables, et ces rougeurs sont suivies, plus tard, de véritables excoriations de la peau et de croûtes qui rendent l'aspect du chien hideux et le font sentir très-mauvais.

Par la même raison, il faut éviter de leur donner de la tourte de suif, confectionnée avec les résidus des fabriques de chandelles. L'usage de cette tourte, composée en réalité de déchets de toute sorte de viandes, altérées pour la plupart, a pour effet, indépendamment des inconvénients signalés ci-dessus, d'engendrer chez le chien une quantité prodigieuse de ténias, ou vers solitaires, qui assurément ne méritent guère ce nom, car un chien que j'ai vu nourrir longtemps avec ce détestable aliment,

rendait ces vers en masse, tellement que lorsque son maître s'en apercevait, il arrachait du
rectum de son chien, à l'aide d'un linge, un
long faisceau des ces helminthes. On comprend
sans peine que la présence de ces ténias dans
les intestins d'un chien, ne peut que lui être
très-défavorable en l'épuisant et le faisant maigrir considérablement. Quand on s'aperçoit qu'il
en est tourmenté, on l'en débarrasse avec de la
racine de grenadier.

On doit éviter de donner aux chiens des os à
ronger. Ils se cassent quelquefois les dents, ou,
du moins se les ébranlent en essayant de broyer
des os très-durs. De plus, ils digèrent difficilement la plupart des os, qui sont rebelles à l'action des sucs gastriques. De là résulte pour le
chien des coliques, et quelquefois des déchire-
ments intérieurs très-redoutables. Il peut arriver aussi qu'un os se loge transversalement
dans le palais, entre les deux extrémités de

l'arcade dentaire. Le chien fait alors des efforts inouïs pour s'en débarrasser; il cherche à arracher l'os à l'aide de ses pattes, et ne peut plus refermer la gueule. Pareille chose est arrivée à un petit chien que nous possédons, et nous avions cru à une luxation du maxillaire inférieur. C'est par hasard que, examinant l'intérieur de la gueule, nous aperçûmes l'os qui se trouvait là solidement encastré, et que nous eûmes beaucoup de peine à arracher avec des pinces. Il est évident qu'un animal dans cette position, abandonné à lui-même, se tourmenterait sans cesse, ne pourrait plus manger et succomberait bientôt, s'il n'était secouru.

La nourriture habituelle d'un chien doit se composer de soupe et de pain. On fait cette soupe avec de l'eau de vaisselle, en y ajoutant les os de la cuisine concassés, ou pilés, ce qui vaut encore mieux. Quand ils ont bouilli dans l'eau pendant quelque temps, on les ôte, et l'on verse le bouillon sur du pain coupé en tranches. On y ajoute avec avantage quelques légumes du pot-au-feu ; ils tiendront le ventre libre à l'animal, et concourront à le maintenir en bon état. Cette soupe doit être donnée une fois par jour seulement, le soir de préférence, si cela est possible. Le matin, on donnera au chien un morceau de pain sec, pour son déjeûner. Bien entendu que la quantité de pain et celle de la soupe seront proportionnées au volume de l'animal.

Il y a des personnes, des dames surtout, qui donnent à leurs chiens, outre la viande, des pâtisseries et du sucre. Toutes ces choses ne leur valent rien. Ces animaux étant, de leur nature, très-échauffés, on augmente chez eux cette disposition en leur donnant les aliments dont il vient d'être question ; on finit par les rendre véritablement malades, et bientôt on en est réduit à envoyer le chien gâté chez un homme qui fait profession de guérir ces animaux, et qui n'emploie pour cela que du pain sec pour régime, et beaucoup d'exercice dans une cour ou dans un grenier. Là, c'est à grands coups de fouet que le traitement s'opère, et, au bout d'un mois, le guérisseur triomphant ramène le chien favori complétement rétabli et ayant reconquis un appétit superbe, à madame la marquise, qui ne manque pas de récompenser généreusement l'Esculape de la gent canine. — Honoraires, 30 francs. — C'est un peu cher pour un mois de logement, quelques croûtes de pain et force coups de fouet... Mais *Bijou* est guéri ; c'est l'essentiel, et l'on a tant souffert de son absence, on éprouve tant de joie à le revoir, qu'on ne regarde pas à ce qui sort de la bourse. Alors-le train ordinaire recommence : alors la viande, les gâteaux et le sucre, ainsi que la privation d'exercice, le chien ne sortant qu'en voiture ou sur les bras d'un groom *ad hoc*, lequel a pour consigne expresse de ne le mettre à terre que pour ses nécessités, de peur qu'il ne soit écrasé ou volé. Puis revient bientôt le moment de le ramener à l'Esculape.

A ce sujet, je ne puis me dispenser de raconter ce qui arrivait tous les cinq ou six mois au comte J. de C., qui donnait de si charmantes fêtes dans son hôtel de la rue du faubourg Saint-Honoré, à Paris. Il avait un chien griffon qu'il affectionnait beaucoup. Tout à coup le chien disparaissait. Aussitôt le comte envoyait chez son imprimeur, et bientôt un avis en gros caractères, sur beau papier jaune, apparaissait sur les murs du quartier, et apprenait à chacun que le chien de l'hôtel de C. était perdu. Au bout de deux jours, un quidam ramenait le chien et touchait la récompense promise, soit 40 francs. Deux mois après, le griffon s'éclipsait de nouveau; nouvelle affiche, chien ramené de nouveau, nouvelle récompense donnée, et cela se continuait à toujours, le comte ne se lassant pas de promettre et de donner des récompenses de 40 francs, et ceux qui lui volaient régulièrement son chien favori, se lassant encore moins de les recevoir.

DES SOINS A DONNER A UNE MEUTE.

Quand la meute doit chasser, on ne donne aux chiens, de grand matin, que le quart ou le tiers au plus de leur ration ordinaire ; mais le soir on leur donne une bonne soupe, un peu plus grasse que d'habitude. Il est bon d'assister à leurs repas, le fouet à la main, pour corriger les chiens jaloux et méchants qui battent les autres et les empêchent de manger.

Lorsqu'il se trouve des chiens trop gras et que l'embonpoint empêche de chasser, on leur donne leur ration à part, en la réduisant; de même qu'on donne à part, à ceux qui sont trop maigres, une ration plus nourrissante, et pour cela on y ajoute du bouillon ou du lait.

19.

Lorsqu'on est quelque temps, sans faire chasser la meute, il faut faire promener les chiens, l'exercice étant très-nécessaire à ces animaux. On les couple constamment avant de les faire sortir, afin d'en être toujours maître, et pour éviter qu'ils ne s'écartent.

Si l'on remarque que les chiens aient le bout du nez chaud, et que leurs lèvres soient plus pâles qu'ordinairement, on peut être assuré qu'ils sont malades, et il faut alors les empêcher de chasser jusqu'à ce qu'ils soient guéris.

Les chiens de la vénerie du roi, à Versailles, étaient tous les jours étrillés, brossés et promenés deux fois, ce qui ne pouvait que concourir à l'entretien de leur santé.

Il faut, chaque matin, examiner si les chiens n'auraient pas reçu quelques coups de dents pendant la nuit. Si la blessure est sérieuse, on la panse avec l'onguent dont suit la composition : prenez une livre de lard, coupez-le en tranches et faites-le fondre dans une casserole. Quand il est fondu, passez-le à travers un linge ou un tamis, et videz-le dans un pot de terre vernissé. Avant que la graisse ne soit figée, on y ajoute 8 grammes de baume du Pérou et autant d'huile de laurier, et l'on remue le tout avec un bâton pour opérer un mélange exact. On garde cet onguent pour le besoin ; plus il est vieux et meilleur il est. C'est celui dont on se sert pour la guérison des blessures que les chiens courants peuvent recevoir des animaux auxquels ils donnent la chasse.

—

CHAPITRE XIII

Manière de dresser les chiens courants.

On commence à dresser les jeunes chiens courants à l'âge de dix mois ou un an. Voici ce que conseillent à cet égard MM. Desgraviers :

« Le piqueur aura soin de ne pas laisser faire un pas aux chiens, même de leur laisser prendre leur repas, sans commandement. Il commencera donc par les accoutumer aux différentes intonations usitées à la chasse, pour en exiger des signes d'obéissance, soit en modérant leur ardeur, soit en leur donnant quelque liberté. Pour cet effet, ce même homme ayant, aux heures du devoir, fait mettre l'auge garnie de pain, en dehors et à dix pas de la porte, l'entr'ouvrira, et, passant par l'ouverture la gaule qu'il a en main, il la remuera si bien, que tous les chiens qui viennent pour forcer recevront un coup de gaule sur le nez. Bientôt, avec de la douceur et de la patience, et avec l'aide de la gaule toujours agitée, il ouvrira la porte toute grande, et, se tenant par le milieu, il empêchera les chiens de sortir. Lorsqu'en entr'ouvrant la porte, et leur criant : *derrière*, il est parvenu à ce qu'il n'y en ait pas un seul qui bouge, alors il leur tournera le dos et les laissera sortir pour manger, en leur disant: *allons; allons.*

« Cette leçon répétée soir et matin pendant plusieurs jours, et les premières intonations bien comprises par la jeune meute, il procédera à la faire rester sur les bancs du chenil, en lui criant: *derrière*, pendant qu'il y fait entrer l'auge. Lorsqu'il verra la meute bien affermie dans cette nouvelle leçon, il en augmentera la difficulté, en se servant des termes *tahiau, derrière*, et *allons*, avant qu'elle ne mange. Insensiblement il l'amènera à ne pas bouger de dessus ses bancs, au seul mouvement du bras, du mouchoir ou du fouet, quoiqu'il ait feint de se retourner, et, lorsque ne se retournant qu'à demi, il fait agir un de ces moyens d'obéissance contraires à sa conversion.

« Quand vous voyez vos chiens moins farouches, et qu'ils connaissent mieux les personnes qui en ont soin, pour lors, matin et soir, et même trois fois par jour, si vous êtes pressé de votre remonte, vous les faites coupler et conduire au-dehors, d'abord dans un endroit où l'on ne court pas de risque de les perdre, tel qu'un champ fermé entre deux haies. Quatre hommes les accompagnent, un devant, un derrière, et les deux autres de chaque côté. Le premier jour, on les mène droit devant eux, et l'homme qui est en tête doit les appeler souvent à lui par le terme usité, *hau*, *hau*, *hau*. Le second jour, on varie l'instruction, en allant aussi de droite et de gauche du chemin que l'on suit, en se servant toujours des mêmes termes. Le troisième jour, on décrit un demi-cercle, tantôt sur une main, tantôt sur l'autre, en joignant aux termes ci-dessus exprimés, celui de *ha au retour*, *ha au retour*; on parvient à décrire le cercle entier. Le retour fini, on les arrête de temps en temps en place, en leur criant *derrière*, et en repartant par *allons*.

« Quand vos chiens sont stylés à ces premières instructions, vous leur faites exécuter un retour entier; vous y parviendrez en les arrêtant ferme en place. L'homme de la queue de votre meute vient se mettre en avant de celui qui est à la tête; les deux des ailes ne bougent. Alors le piqueur de la tête passe au travers de ses chiens,

en leur disant, *ha au retour*, et en faisant claquer ses doigts ; l'autre frappe de sa gaule ou
de son fouet à terre, pour les empêcher de
passer en avant, et les renvoie à celui qui les
appelle, en leur disant, *allez au retour*. Par là,
vous les accoutumerez à bien comprendre ce
terme, pour lequel ils doivent faire volte-face,
terme très-essentiel et très-utile à la chasse.
Vous vous bornez à ces leçons jusqu'à ce que
vos jeunes élèves y soient confirmés, et les
exécutent avec facilité et intelligence. Dé là,
vous passez à leur faire pratiquer le retour en
place. Pour cette manœuvre, celui qui est à la
tête arrête les chiens, en les prévenant par *tout*
bellement prononcé d'une manière plus douce
que *derrière*, ordre qui, étant fait pour impri-
mer de la crainte et obtenir une exécution
prompte, doit être articulé fortement. Une fois
arrêtés, celui qui est par-derrière, et d'abord
très-près d'eux, les appelle par les mots, *hau*,

hau, hau. Dès qu'ils commencent à tourner la tête, à l'instant il leur crie : *au retour, au retour,* et il marche aussitôt après sa demi-conversion. Vous répétez de même cette leçon, jusqu'à ce que vos chiens n'y fassent aucune faute.

Vous supprimez ensuite le terme *hau, hau,* et vous les amènerez à faire le retour, l'homme se tenant à une distance plus éloignée, de façon cependant à être entendu. Quand vos chiens conçoivent parfaitement tout ce qui leur a été enseigné ci-dessus, on leur fait répéter dans une même leçon toutes les manœuvres apprises en plusieurs : alors vous les instruisez à s'arrêter, quoique l'homme de la tête continue de marcher en avant ; dans cette leçon, l'homme de la tête arrête ses chiens, en leur criant : *derrière,* et en leur faisant face ; il s'éloigne ensuite à reculons, en les contenant en place par le terme *derrière.* Si un chien se porte en avant, il le nomme par son nom, en lui criant : *derrière ;*

un des hommes d'aile lui répète de même son nom, et, s'il n'obéit pas, avance et lui fait sentir son fouet, en lui criant : *derrière*, et y joignant : *rentre à la meute*. Lorsque tous sont attentifs, ce même chef se retourne, les appelle, en leur disant : *allons, allons, hau, hau.* Arrivés à lui, il leur fait face tout de suite, crie : *derrière*, et fait claquer ses doigts pour les égayer; puis il se retourne encore, en les appelant par *allons* et *tout bellement*. Cette leçon, pratiquée de cette manière plusieurs jours de suite, et bien exécutée, on la varie encore. L'homme de tête, tout en marchant, et sans se retourner, prévient ses chiens par les termes, *tout bellement, tout bellement*, et *derrière*, et continue son chemin. Les deux hommes d'aile doivent avoir grand soin, dans cet instant, de contenir exactement les chiens, en nommant toujours par son nom, et en corrigeant celui qui tombe en faute. Quand tous sont tranquilles,

20.

l'homme de tête appelle à lui, et leur fait face lorsqu'ils le rejoignent.

« Vous vous assurerez d'une docilité plus parfaite encore, si l'homme de la tête, marchant et ne commandant pas, l'homme de la queue, par les termes *tout bellement* et *derrière*, articulés d'un ton ferme et bref, prévient ses chiens et les arrête, quoique le premier continue d'aller en avant et ne doive suspendre sa marche qu'au commandement du second, à l'effet de se retourner à demi, d'appeler à lui et de faire face.

« Vos élèves ayant été arrêtés de cette manière par le piqueur de la queue, repartant au commandement de celui de la tête en branle pour le rejoindre, celui-là les prévient une seconde fois par les mêmes termes de *tout bellement*, *derrière*, et les arrête dans leur plus grande course, malgré la progression continue du piqueur placé en tête de la meute.

« Tout ceci bien conçu, bien exécuté, ce qui dénote, par conséquent, et la prompte soumission de votre jeune meute et sa compréhension aux intonations, vous la perfectionnez par des retours en place, commandés alternativement par les hommes de tête et de queue. A cet effet, le dernier la laissant, elle et ses trois autres conducteurs, filer devant lui jusqu'à la distance de cinquante à soixante pas, la rappelle alors au retour : le premier qui, à l'instant de ce rappel, a fait volte-face et est resté immobile pendant que cette jeune meute exécute le mouvement qui lui a été ordonné, attend qu'elle soit à dix pas de celui qui le lui a fait faire pour lui crier *derrière* : aussitôt qu'elle est arrêtée, il la rappelle au retour ; arrivée à dix pas de lui, l'autre renouvelle les mêmes commandements. Pendant cette manœuvre répétée plusieurs fois alternativement par les hommes de tête et de queue, ceux d'ailes, qui sont aussi stationnaires, se bornent à dire à la jeune meute, tandis qu'elle passe et repasse devant eux : *allez au retour*.

« Une fois bien confirmée dans les retours alternatifs, vous en rendez l'exécution plus difficile, en obligeant la meute à former son arrêt aussi promptement que s'il avait été ordonné à la voix, par le simple mouvement du bras ou du mouchoir d'un des hommes d'ailes, ou de son chef, quand elle est à quelque distance de celui-ci ; mouvements qui ne sont pas nouveaux pour elle, puisqu'ils lui ont été enseignés dans le chenil dès les premières leçons de son instruction, et auxquels elle doit obéir aussi promptement qu'aux commandements de la voix.

« Vos chiens familiarisés avec leurs guides, et comprenant bien leurs gestes et leurs intonations, vous les accoutumerez à aller à l'ébat sans être couplés, avec la précaution toutefois de ne découpler qu'au fur et à mesure les plus

sages et les moins hagards. Vous les promène-
rez d'abord dans des endroits où ils ne puissent
pas se perdre, ni être détournés, par quelques
objets, de l'attention qu'on leur demande ; vous
les transporterez ensuite sur toutes sortes de
terrains, afin de les habituer à exécuter leurs
différentes leçons, et à être maintenus dans la
même docilité parmi la variété des objets qui
se présenteront à eux, et par là vous vous assurerez de cette parfaite obéissance, qui est le
principal agrément de la chasse, et que vous
n'obtiendrez jamais dans des ébats renfermés,
que nous regardons avec juste raison comme
très-mauvais, même pour un équipage formé.

« Quand vous jugez vos chiens suffisamment
instruits par toutes ces leçons aux intonations
de la voix, vous les leur faites pratiquer au
son de la trompe, suivant la même gradation
dans cette nouvelle instruction. Vous les arrêtez
d'abord à la voix ; l'homme de tête s'éloigne

d'eux, et, par une requête, les appelle à lui.
Vous leur demandez de même des retours (ce
qui est l'*hourvari* usité à la chasse); quand ils
s'y sont affermis, vous les arrêtez de temps à
autre, en leur criant : *derrière, tayaut!* comme
si vous les arrêtiez en chasse : vous leur sonnez
fanfare, et après cela vous les faites repartir
par : *allons, tout bellement,* ou par une *requête.*

« Vos chiens aussi bien stylés que nous le désirons, et devant être découplés, vous pratiquez
à cheval, au pas et au petit trot, avec le même
nombre d'hommes et sur les mêmes terrains,
tout ce que vous leur avez fait faire journelle-
ment étant à pied, en vous servant d'abord de
la voix, puis après de la trompe. Vous éviterez,
sur toutes choses, de ne jamais leur donner
d'ardeur; vous aurez soin de les prévenir toujours sur le premier objet capable de les enlever,
par : *tout bellement, derrière, fi-de-ça,* et vous
ferez descendre vos hommes de cheval, pour

corriger sur-le-champ le chien qui s'animera.

« Supposant vos chiens très-bien confirmés dans tout ce qui leur a été enseigné ci-dessus, soit à pied, soit à cheval, vous entreprenez une besogne plus difficile encore, mais la plus propre à obtenir de ces jeunes animaux toute la sagesse à laquelle nous voulons les amener : c'est de les promener dans les plaines et au milieu des lièvres, sans leur laisser prendre de l'ardeur. Vous les faites donc coupler par bandes de six ou huit au plus, conduites par des valets de chiens à pied : vous entrez dans la plaine la mieux meublée de lièvres ; vous espacez vos hommes à cent pas l'un de l'autre, et vous les faites cheminer ainsi : au premier lièvre qui part, ces jeunes chiens ne demandent pas mieux que de courir après ; chaque valet de chien remarque ceux qui ont l'oreille la plus haute : il tombe dessus à coups de fouet, en leur criant : *ha hey ! fi les vilains ! ha hey derrière !* les mène sur la

voie et continue son chemin. A chaque nouvelle faute, il recommence la même correction,
jusqu'à ce que sa harde recule au lieu d'avancer, quand elle voit partir un lièvre. Cette leçon
étant répétée deux jours de suite, vous pourrez
promener vos chiens étant simplement couplés.
L'homme qui sera à leur tête aura l'œil bien attentif à distinguer tous les lièvres qui partiront devant
lui : du moment qu'il en apercevra un, de près
comme de loin, il préviendra ses chiens en leur
criant : *tout bellement, fi-de-ça, derrière, ha
hey.* Il se dérangera de devant eux, afin de
leur découvrir la plaine, et, s'il y en a un qui
lève seulement l'oreille, il ne l'épargnera pas.
Par cette méthode, vous parviendrez à habituer
vos chiens, étant même découplés, à passer
dans les plaines et au milieu des lièvres sans
pour ainsi dire y faire attention.

« Ces promenades ayant réussi selon vos désirs,
vous les ferez répéter avec vos valets à cheval ;

si par hasard vos chiens s'emportaient, et qu'au lieu de pouvoir les arrêter, ils s'en retournas-sent au chenil, il faudrait les ramener tout de suite dans la plaine, et les faire promener en couple, et avec des hommes à pied qui les cor-rigeraient vertement au premier signe d'ar-deur, et surtout ceux qu'on aurait remarqué avoir entraîné les autres dans leur indocilité.

« La quarantaine étant bien avancée, vous fe-rez mener en hardes vos jeunes chiens à la chasse, pour qu'ils s'accoutument à prendre hauteur du pays et de la rentrée du chenil. Si les valets qui les promènent, ayant eu soin de les tenir derrière eux pendant toute la chasse, de les faire taire au premier cri, de les main-tenir dans une exacte obéissance, peuvent ar-river à *ta mort*, cet *halali* leur donne déjà une connaissance de l'animal qu'ils doivent chas-ser, et les dispose pour l'avenir.

« Après deux ou trois de ces chasses-promenades, vous partagerez en deux bandes égales vos jeunes chiens, que vous sous-diviserez deux par deux, dans vos hardes basses, pour être découplés avec elles. Chacune de ces moitiés ne chassera que de deux chasses l'une, afin qu'elles n'acquièrent jamais assez d'haleine pour maîtriser vos vieux chiens. A mesure qu'elles tiendront mieux la voie, et qu'elles prendront plus de train, vous les remonterez d'harde en harde, jusqu'à votre vieille meute, avec l'attention toutefois d'avoir celle-ci composée de la moitié au moins de vos vieux chiens. La composition de vos hardes restera ainsi l'espace de trois mois au moins, et vous ne mettrez de meute vos jeunes chiens que lorsqu'ils n'auront plus besoin de conducteurs.

« Si votre remonte n'est pas considérable, il est possible de la former de cette manière, sans déranger votre meute ancienne : si elle l'est, et qu'on soit amateur d'avoir et de conserver un

excellent équipage, on choisira un petit nombre de chiens assez agiles et bien chassants
pour dresser les jeunes, et, quand ceux-ci seront
dociles et bien chassants, on les réunira à la
meute : par ce moyen, on ne dérange rien et
on jouit de ses travaux.

« Il faut, pour bien chasser, égaliser le pied
de ses chiens, descendre d'une harde, ou mettre
à celle de dessous ceux qui baissent de train,
parce qu'un bon chien fera chasser à lui seul
cinquante chiens médiocres, s'il tient la tête
des hardes découplées, tandis que le meilleur
des chiens devient pitoyable ou se crève, s'il
n'en peut soutenir la vitesse. Un bon chien doit
donc être la clef de sa meute ; il demande à
être ménagé, et mis à une harde où il ait la
supériorité de vitesse sur elle et sur tout ce qui
est découplé. » (*L'Art du Valet de limier.*)

C'est au printemps qu'on achève de dresser
les jeunes chiens courants. Ceux qu'on destine

à chasser une seule espèce de gibier, ne doivent pas donner sur d'autres espèces. Pour obtenir ce résultat, on les promène couplés et en hardes dans des lieux fort peuplés de gibier. Quand on en rencontre à la chasse duquel ils ne sont pas destinés, on corrige ceux qui seraient tentés de crier et de donner chasse, en leur disant, *fi de ça, tout bellement, derrière,* et l'on continue de marcher devant soi. On insiste jusqu'à ce que les chiens regardent avec indifférence les animaux qu'ils ne sont pas destinés à chasser.

CHAPITRE XIV

—

Du limier.

Le limier sert à reconnaître l'endroit où s'est
retiré l'animal que l'on veut chasser ; il le suit
sans bruit, pas à pas, le lance enfin, et c'est alors
seulement qu'on met les chiens courants aux
trousses de la bête. Les limiers forment une race
distincte, fort belle en Normandie, d'où l'on tire
les meilleurs et les plus beaux. Leur pelage offre
une grande variété de couleurs, mais ordinairement ces animaux sont grands et forts, quelques-uns très-méchants. Ils ont une grosse tête
carrée, de longues et larges oreilles.

On ne peut espérer de former un bon limier avant qu'il ait atteint l'âge de quinze mois. Il ne faut pas différer davantage : car, à deux ans, on n'en pourrait plus rien faire. On le mène au bois avec un large collier, qu'on appelle la *botte*, et auquel est attaché un long cordon qui se nomme le *trait*. C'est à l'automne que l'on commence à le mener en quête. Si, la première fois qu'il chasse, il ne veut pas *se rabattre*, c'est-à-dire donner connaissance de la présence d'un animal, il faut lui en faire voir quelques-uns et le mettre sur la voie. S'il s'en rabat, on le caressera. Si, au bout de quelque temps, on voit qu'il reste inerte, et qu'il ne veuille ni suivre, ni se rabattre, on l'associera à un autre bon limier, pour le mettre en train. Quand ce nouveau moyen reste inutile, le piqueur *avale la botte* à son limier, c'est-à-dire lui ôte son collier et le laisse quêter à sa fantaisie. Il ne faut pas se décourager : quelquefois un limier se dresse

tard, devient excellent et peut servir très-long-
temps. D'autre part, l'éducation d'un jeune
limier dure ordinairement un an : ce n'est
qu'au bout de ce temps qu'on doit s'y fier.

Lorsqu'on voit son limier commencer à se rabattre, on l'arrête de temps en temps pour lui
apprendre à bien tenir la voie, et, quand il y
tient ferme, on le caresse. Toutefois, il ne faut
pas le laisser suivre trop longtemps, pour ne
pas le rebuter.

Quand un limier qu'on dresse pour la chasse
de tel animal, se rabat sur un animal d'une
autre espèce, on l'arrête et on le corrige, mais
avec modération, car les chiens craintifs sont
ainsi promptement rendus d'un mauvais service et se rebutent facilement.

Ne pressez pas un jeune limier dans sa quête.
Laissez-lui tout le temps de bien faire. S'il porte
haut le nez, corrigez ce défaut par un coup de
trait : votre limier doit quêter le nez en terre.

Un limier devant être discret lorsqu'il se rabat, il pourra arriver que votre jeune élève donnera de la voix au départ. L'animal levé, si le limier continue à donner de la voix, il faut l'arrêter et le menacer ; au besoin, lui infliger une légère correction.

Le limier doit toujours marcher devant celui qui le mène, et ne pas trop tirer sur son trait. Quand il montre trop d'ardeur, on le calme en lui donnant de temps en temps quelques petites saccades.

L'homme qui doit conduire le limier en quête, et qu'on nomme *valet de limier*, se lèvera de grand matin le jour de la chasse, mettra la botte à son limier, après lui avoir donné un morceau de pain ; arrivé au bois, il le mettra en quête en l'encourageant de la voix, et, à cet effet, lui dira tout bas : *va outre, l'ami ;... trouve, trouve, trouve ;... cherche bien ;... hou, hou, hou, l'ami !... l'au, l'au, l'au !* Si le chien *se rabat* sur la voie de l'animal à la recherche duquel il est destiné, on continue de l'encourager par ces mots : *y va là ;... volcelets ;... y après, y après, tiens bon !* Le limier, suivant les voies de l'animal, lève quelquefois le nez en soufflant ; on raccourcit alors son trait en lui disant : *oh ! l'ami, tout couais ! tout couais !* et, de peur qu'il ne fasse lever l'animal, on le retire. On a connaissance du gibier, c'est tout ce qu'il fallait. Le valet de limier, en se retirant, marquera les voies de l'animal par des *brisées*, c'est-à-dire avec des branches qu'il jettera à terre, le gros bout tourné dans le sens où va l'animal cherché.

Quand, au contraire, le limier se rabattra sur un animal autre que celui pour lequel il est destiné, on le retirera par saccades, en lui disant : *fouais, vilain, fouais ! fouais !*

L'enceinte faite, le valet de limier revient à sa première brisée, en suivant les voies à contre-pied et s'assurant de la nature de l'animal en revoyant sa *voie* et ses *fumées*; c'est alors que le valet va au rendez-vous de chasse, faire son rapport.

CHAPITRE XV

—

Chasse du cerf & du daim.

De toutes les chasses, celle-ci est certainement
la plus noble, la plus belle. Dans les courts
instants que lui laissaient ses guerres inces-
santes, Alexandre le grand s'y livrait avec ardeur. On entretenait toujours, à grands frais,
les meutes qu'il employait à cet exercice, et un
vieux chien, doyen de toutes ces meutes, mais
qui pouvait à peine se traîner, inspirait tant de
confiance au monarque, qu'on le menait en voiture à toutes les chasses que faisait le roi. S'il
arrivait que la meute poursuivante tombât en

défaut, on mettait à terre ce vétéran dont le corps portait de glorieuses cicatrices. Il relevait le défaut en moins de rien., après quoi on le remettait dans la voiture qui l'avait amené.

Le succès de la chasse au cerf dépend de l'habileté des piqueurs. C'est sur eux que repose tout le plaisir que peuvent se promettre les chasseurs. Les piqueurs, munis d'une trompe de chasse, doivent distribuer la meute en plusieurs relais répartis dans les endroits du pays qu'ils jugeront convenables, selon la connaissance qu'ils en auront. Ces relais sont destinés à se succéder, car il ne faudrait pas compter forcer un cerf avec la même meute : tous les chiens qui la composeraient seraient bientôt rendus.

Le veneur doit connaître les lieux où se retire le cerf, pour savoir où il doit le chercher selon les saisons. Il faut que l'expérience lui fasse reconnaître, par l'empreinte que les pieds

de l'animal laissent sur le sol, quel est son âge
et son sexe. Le veneur s'aide, pour porter un
jugement à cet égard, des *fumées* ou excréments de l'animal, ainsi que des *portées*, c'est-
à-dire la hauteur à laquelle le bois du cerf
atteint les branches sous lesquelles il passe. Il
doit connaître et déjouer les ruses de l'animal ;
il doit même les prévoir, autant que possible :
ainsi, un cerf passera et repassera sur sa propre
voie ; il se fera accompagner par d'autres bêtes
pour donner le change aux chiens ; tantôt il
fera brusquement sur le côté un saut considérable ; une autre fois il se couchera sur le
ventre, dans un fourré, pour laisser passer la
meute ; enfin, quand il est à bout de forces, il
cherchera à se plonger dans l'eau pour ne laisser sortir que le bout de son museau. C'est toujours là, pour lui, l'instant fatal, à moins qu'il
n'ait encore la force de traverser la pièce d'eau
et de faire ferme aux chiens sur l'autre rive, où

22.

il fait quelquefois payer cher la victoire, en dé-
cousant les meilleurs chiens de la meute.

Malgré toutes les ruses employées par le cerf
pour sauver sa vie, les piqueurs habiles savent
toujours tenir les chiens sur la voie, et les y
ramener au besoin, ce qu'ils indiqueront aux
chasseurs par le son de leur trompe. On saura
ainsi, de loin, que l'on court toujours le *cerf de
meute*, c'est-à-dire celui qui a été lancé, et
qu'on avait *détourné* ou reconnu la veille.

Si les chiens se divisent et suivent deux pistes
ou deux bêtes, les piqueurs se divisent aussi, et
on appuiera les chiens de la voix de chaque
côté, jusqu'à ce qu'un des piqueurs puisse en
revoir, c'est-à-dire apercevoir l'empreinte du
pied du cerf de meute ; alors il sonnera, et les
piqueurs rompront les autres chiens pour les
rallier à ceux qui ont conservé la bonne voie.

Le cerf vient-il à passer près d'un relais, le
piqueur qui y tient une partie de la meute, ne

la laisse *courre* que quand la moitié de la meute de poursuite est passée; il accompagne les chiens lui-même et se tient le plus possible à leur portée, pour les appuyer au besoin.

Quand le cerf fait un *retour*, qu'il revient par les mêmes voies, on fait aussi revenir les chiens, en appelant les meilleurs chiens par leurs noms, et en leur criant, *hourvari, mes beaux, hourvari! hau, hau, Finaut! Velecy, Brifaut, tayau, tayau, hourvari!* et en même temps les piqueurs devront sonner le retour, pour en informer les chasseurs. La meute ayant pris le retour, on criera : *il s'en va là, mes beaux, il s'en va là!*

Dans une chasse, tous les retours du cerf se font sur la même main : c'est-à-dire que si une première fois l'animal a tourné à droite pour son retour, il tournera dans le même sens toutes les fois qu'il voudra revenir sur ses pas.

Le piqueur voyant des suites du cerf, doit

crier : *velecy, velecy, volcelets !* S'il voit le cerf lui-même, il sonne de la trompe, crie *tayau, tayau !* et attend les chiens pour bien les assurer sur la voie.

Lorsque les chiens se trouvent en défaut, par suite des ruses du cerf, les piqueurs doivent apporter tous leurs soins à *en revoir* ; ils s'empressent alors de remettre la meute sur la voie en criant : *volcelets, mes beaux, volcelets, ha ! ha !* et ils sonnent pour avertir le reste de la chasse.

Quand on trouve des chiens qui se sont séparés des autres, on doit les retenir en leur disant, *derrière ! Fi, derrière !* jusqu'à ce qu'on puisse les rallier à la meute.

Enfin le cerf, à bout de forces et hors d'haleine, entrant dans l'eau, on crie à la meute *tou, tou ! il bat l'eau !* et la mort du pauvre animal ne tarde pas à arriver. Les chasseurs sont trop animés pour être touchés des larmes qu'il répand abondamment quand il voit arriver le terme de sa vie.

Noble et bel animal ! s'il n'y avait pour te détruire que celui qui écrit ces lignes, tu animerais en paix nos forêts et nos plaines, et la vieillesse ou tes combats avec tes pareils pour la possession de quelque biche, mettraient seuls un terme à tes jours !

CHAPITRE XVI

—

Chasse du sanglier.

L'équipage que l'on destine à chasser le sanglier se nomme *vautrait*. Cet équipage forme
une division spéciale dans les grandes vèneries,
et doit être conduit par des piqueurs expéri-
mentés et infatigables; car la chasse du sanglier
est excessivement longue, pénible, dangereuse
même. Quelque lourd et massif que paraisse le
sanglier, c'est un des animaux les plus agiles à
la course, qu'il peut entretenir fort longtemps
sans trop se fatiguer. Il en résulte que le sanglier
est excessivement difficile à forcer, d'autant plus

que la rapidité de son allure lui permettant de tenir toujours une grande distance entre lui et les chiens, il a ainsi la facilité de s'arrêter de temps en temps pendant quelques moments pour se remettre et reprendre haleine, ce que ne peut faire le cerf. Il est rare qu'une chasse au sanglier dure moins de cinq ou six heures, et encore est-on ordinairement obligé de le tuer à coups de fusil ou de le *coiffer* avec des lévriers et des dogues. On a vu des sangliers se faire chasser pendant plusieurs jours et ne tomber enfin que sous les balles.

Les bons limiers pour la chasse du sanglier sont fort rares ; l'odeur de cet animal rebute le chien, que découragent aussi les fourrés et les lieux marécageux que le sanglier recherche.

Un sanglier *se détourne* comme un cerf. Le valet de limier, qui a détourné la bête, fait son rapport à qui de droit sur son âge et sa taille. Sur ce rapport, on distribue les relais, que l'on place de préférence près des lieux fourrés que le sanglier perce avec bien plus de facilité que le cerf. Le valet de limier, qui a détourné la bête, se met à la tête et la conduit sur la *voie*, parce que c'est sur ses *brisées* que l'on attaque. Quand on en aura certainement *revu*, on mettra le limier sur les voies, et le valet, avançant d'une quinzaine de pas, dira à son chien : *après, là, après ; hau, hau !* Le limier commençant à prendre les voies, le valet l'appuiera en lui criant : *veleci ! veleci avant ! après, après !*

Il arrive presque toujours que le sanglier détourné rentre dans son fort. Mais en encourageant toujours le limier de la voix, le sanglier finit par prendre son parti. Aussitôt qu'il est lancé, le valet de limier devra sonner de la trompe pour faire découpler les chiens qu'on met de suite sur la voie. Alors tous les piqueurs sonneront, et se tiendront toujours aussi près que possible des chiens pour les appuyer, et pour éviter que le sanglier ne fasse *ferme* et ne charge les chiens.

Quand, à force de courir, le sanglier se sent sur ses fins, il ne perce plus en avant ; il ne fait plus que tourner dans le canton, en cherchant à s'adjoindre quelque bête de compagnie, pour donner le change aux chiens et aux chasseurs, et se mettre à l'abri de leurs atteintes. Arrivé sur ses fins, il écume considérablement, se jette à l'eau ou s'accule dans une cépée. C'est alors qu'il faut tâcher d'empêcher les chiens de trop s'approcher de la bête, qui se défend avec une force et une énergie incroyables. D'un coup de boutoir il ouvre le ventre et jette à deux ou trois mètres au-dessus de sa tête les chiens qui sont assez hardis et assez imprudents pour s'approcher à la portée de la terrible hure. Un piqueur pénètre dans le fort avec précaution, et, pendant que toute l'attention et toute la rage du sanglier sont tournées contre les chiens, le piqueur lui plonge son couteau de chasse au défaut de l'épaule ; mais il doit le faire avec précaution, et être bien sûr de son coup, car le sanglier se tourne toujours avec fureur du côté où il a été blessé, et, s'il lui reste assez de force pour s'élancer sur son ennemi, malheur à l'imprudent ! Aussi, dans ces circonstances, pour éviter tout malheur, le maître de l'équipage tue ordinairement la bête à coups de fusil, ce qu'on peut faire alors avec peu de danger. Autrement, tant que le sanglier n'est pas sur ses fins et à bout de forces, il revient avec furie sur le chasseur qui l'a blessé, lui faisant quelquefois payer cher sa témérité, à moins que celui-ci ne trouve à sa portée quelque arbre sur lequel il grimpe lestement.

Le sanglier a la vie très-dure, et l'auteur de cet ouvrage a vu un vieux solitaire recevoir vingt-sept balles avant de succomber : il ne tomba que sous la vingt-huitième.

Aussitôt que le sanglier est mort, si c'est un

mâle, on doit lui enlever les testicules ou *suites*, qui feraient contracter à la chair de l'animal une odeur et un goût détestables. On coupe la *brace* ou le pied droit de devant pour l'offrir au maître de la chasse, ou à toute autre personne à qui l'on veut faire honneur. On visite les chiens et l'on panse ceux qui sont blessés : à cet effet, les piqueurs doivent toujours être munis d'aiguilles, de fil et d'une petite provision de l'onguent dont j'ai donné la composition page 226.

Quand les boyaux du chien sortent par la plaie, on les repousse doucement dans l'abdomen avec la main frottée d'huile ou de graisse ; on met dans la plaie une petite tranche de lard extrêmement mince ; on recoud la plaie, et on a soin de la tenir toujours grasse, pour engager le chien à la lécher, ce qui avance la guérison, la salive étant un excellent remède, celui de la nature. Le phénol sodique est aussi très-bon.

Il y a des pays où l'on attache des grelots au

cou des chiens qui chassent le sanglier. Comme le bruit de ces grelots inspire une grande crainte à l'animal chassé, il n'est pas nécessaire d'avoir un équipage considérable : un ou deux limiers et quelques bons chiens suffiront. Les piqueurs traverseront les forts avec les chiens, et, traquant ainsi le sanglier, l'enverront aux tireurs qui doivent toujours être placés de manière à avoir l'avantage du vent.

CHAPITRE XVII

—

Chasse du loup.

La chasse du loup exigerait de longs détails
et, pour ainsi dire, un traité spécial. Les bor-
nes de cet ouvrage interdisent à son auteur une
telle extension; cependant je donnerai ici les
principales indications relatives à cette chasse.

Les loups étaient autrefois extrêmement nombreux en France. Les vastes forêts, qui cou-
vraient alors son territoire, permettaient à cette
funeste espèce de pulluler. Nous ne pouvons
guère espérer en voir débarrasser le pays,
comme cela a pu se faire heureuseument en An-

gleterre. La situation topographique de cette île
a permis d'y faire ce qui serait impraticable en
France, parce que, lors même qu'on parviendrait
à y détruire jusqu'au dernier de ces animaux,
les pays limitrophes contribueraient bientôt à
nous rendre bon nombre de ces hôtes dangereux.

Si, d'un côté, l'extension des cultures a jusqu'ici eu pour effet d'en diminuer le nombre,
les grands reboisements qui s'exécutent facili-
teront la propagation de ces dévastateurs. Il
est donc à propos de faire en ce moment tout ce
qui est possible pour les détruire. Nous ne par-
lerons pas ici des différentes sortes de piéges
qu'on tend avec succès à ces animaux, quelle
que soit la ruse qu'ils ont en partage ; mais chez
eux la voracité et l'instinct de la destruction
l'emportent souvent sur l'instinct de leur propre
conservation. Cet ouvrage ayant pour objet l'éducation des chiens et les services que l'on peut

tirer de ces animaux, nous ne devons nous oc-
cuper que de la chasse du loup au moyen de
chiens courants et de grands lévriers dressés
pour cet effet.

Il faut d'abord se persuader qu'un loup étant
un animal plein de force, de courage, et ayant
pour lui l'haleine, la vitesse, est pour ainsi dire in-
fatigable à la course, et est excessivement difficile à forcer, surtout s'il est vieux. Extrème-
ment fin, défiant, quand une fois il se sent poursuivi, un loup prend un grand parti, et fait faire
aux chiens des traites à mettre les meilleurs sur
les dents. Il faut donc, premièrement, avoir une
meute d'au moins vingt-quatre à vingt-cinq
chiens de haute taille, marqués de rouge aux
joues et autour des yeux, comme signe d'ardeur et de courage, une demi-douzaine de
grands lévriers et autant de dogues de forte
race, pour coiffer le loup au besoin. Tous ces
animaux, s'excitant les uns les autres, ne man-

quent pas de faire au loup un très-mauvais parti dès que celui-ci, excédé de fatigue, ralentit sa course. Ce n'est qu'à ce moment qu'il faut les lâcher sur lui. Il est essentiel d'avoir un excellent piqueur, des valets de limiers, des valets de chiens, et un bon valet pour conduire les lévriers.

Quant aux chiens courants, c'est surtout pour cette chasse qu'il faut absolument les disposer par relais, de manière à ne les faire courir que de deux jours l'un, si l'on se propose de forcer le loup et non de le tirer. Il en doit être de même des limiers, pour lesquels la chasse du loup est infiniment plus fatigante que celle du cerf : agir autrement serait vouloir mettre ses chiens hors de service.

L'ancienne louveterie du roi, quoique bien montée en hommes, en chevaux et en chiens, prenait rarement de vieux loups. Gouffier, grand chasseur de ces animaux, en a quelquefois aban-

donné la poursuite à plus de quatre-vingts kilomètres du *lancer*, et, quoique chassant avec un
bon équipage, il n'en a jamais pris que deux
vieux. Le Grand Dauphin ayant attaqué un
vieux loup dans la forêt de Fontainebleau, son
équipage le prit, au bout de quatre jours, aux
portes de Rennes en Bretagne ; encore fut-il
forcé autant par la famine que par la fatigue.
En effet, on le cernait chaque soir dans le premier bois où il se retirait, et on l'y attaquait de
nouveau le lendemain. L'équipage trouvait dans
les environs de quoi se substanter ; mais le loup
n'avait, pendant la nuit, d'autres ressources que
quelques racines, nourriture peu propre à réparer ses forces.

Le veneur doit essentiellement connaître les
voies ou l'empreinte du pied du loup sur le
sable ou sur la terre. Ces voies se distinguent
de celles du chien en ce qu'un loup que rien
n'inquiète marche toujours d'un pied très serré,

tandis que celui du chien est toujours fort ouvert, et que le talon du loup est moins gros et moins large ; de plus les ongles du loup sont plus gros et s'enfoncent davantage dans la terre que ceux du chien ; de plus encore, les distances entre les pas sont beaucoup plus grandes, mieux réglées et plus assurées, s'il s'agit d'un loup que s'il s'agit d'un chien. La louve a les ongles moins gros et moins longs que le loup, et le pas des louveteaux se connaît en ce que les liaisons des doigts sont faibles, et leurs ongles plus petits et plus pointus que ceux des loups adultes : leurs allures sont aussi plus courtes et bien moins réglées.

La chasse du loup à force ouverte commençant par la quête du limier, il faut nécessairement que cet acteur principal soit à la hauteur de son rôle, tant par sa taille, sa force, son naturel, que par son éducation. Il doit être hardi, alerte, ardent, et, si l'on peut s'en procurer un qui n'ait pas encore chassé, on l'instruira plus facilement de ce qu'il doit faire, ce que nous avons décrit au chapitre XIV.

Dès qu'on aura connaissance qu'un loup vient de se rembûcher dans un de ses asiles accoutumés, c'est le moment de profiter de l'occasion pour donner au limier les premières leçons. On le mènera alors sur les voies du loup, et là, sans l'exciter, ni de la voix, ni du geste, on examinera attentivement la manière dont le chien se comportera : s'il s'anime, s'il porte bien le nez aux ronces, aux branches, sur le terrain ; ou bien si, hérissant son poil, il montre de la peur et revient sur le veneur, ce serait un fort mauvais indice, et jamais on ne fera un bon limier d'un tel chien.

Quand au contraire le chien tire sur son trait, et met un certain empressement à se rapprocher du rembûchement, on lâche un peu le trait, en encourageant le limier de la

24.

voix, et disant : *Vailla, vailla! dessus, Ravageaut!*

Si le valet de limier reconnaît que le loup a fait quelque séjour dans le buisson, soit par le bois couché, par les fientes ou *fumées* qui en sont proches, ou par l'empreinte du pied du loup, et si le limier cherche à pénétrer dans le fourré, il faut l'y encourager, en le caressant et l'excitant à voix basse : *Ah! mon beau, tu dis vrai! Voile-cy!* Parvenu à la couche du loup, il faut y jeter quelques friandises dont l'odeur se confondant, pour le chien, avec celle du loup, donnera au limier, pour la suite, une ardeur incroyable, si c'est un bon chien, à ce point qu'il refusera de manger pour ne songer qu'à attaquer son ennemi.

Pendant que le limier se régale sur la couche du loup, le veneur le caressera de nouveau, lui parlera plus haut, donnera du cor et criera enfin : *Harlou, mon beau, harlou! en route!* et prononcera souvent le nom du chien dans les encouragements qu'il lui donnera.

Il est si rare qu'on puisse voir un loup se rembûcher, qu'un veneur choisit ordinairement le mois de juillet pour exercer son limier. A cette époque les jeunes louvards commencent à courir dans le bois et à se faire des couches dans les buissons. Si le veneur a le bonheur d'en rencontrer quelques-uns dans la couche, il peut permettre à son limier de les chasser, ce qui mettra, comme on dit, cœur au ventre à l'animal, et l'encouragera pour l'avenir.

Si la bonne éducation est nécessaire pour réussir à cette chasse, l'éducation des chiens courants qui y sont destinés n'est pas moins nécessaire. Sans cela, les chiens n'ayant été ni bien dressés, ni aguerris, prennent la fuite dès les premiers moments qu'ils sentent le loup, ou bien, en s'engageant témérairement dans les buissons, ils deviennent sa victime.

Il est bon d'élever et de nourrir les jeunes chiens que vous voulez former à cette chasse avec quelques vieux chiens de la race de ceux qui chassent le loup volontiers. Si vous pouvez agir ainsi, comptez que, plus tard, vos jeunes chiens se régleront exactement sur les vieux et chasseront avec non moins d'ardeur et de courage.

Mais on n'a pas toujours de vieux chiens à sa disposition, et, quand on forme une meute de jeunes chiens courants pour le loup, il faut faire leur éducation complète. Pour achever de les dresser à cette chasse, on fait mettre à portée d'un moulin ou de quelque autre bâtiment semblable, un animal mort, et un bon tireur se porte dans le bâtiment, pour tirer le loup aussitôt que celui-ci se présente et qu'il est à portée. Le loup tué, on l'écorche, et l'on bourre sa peau de foin et de pain trempé dans du lait, avec du fromage et quelques débris de viande.

La peau ainsi préparée, on la place à l'endroit où le loup était tombé, puis on amène les chiens, et donnant du cor, on les met sur les voies du loup. Arrivés le nez sur la peau, ils sentent ce qu'elle contient, et la déchirent à belles dents, ce qu'on leur laisse faire en toute liberté, en ayant soin de leur procurer le même régal avec la dépouille du premier loup qu'ils chasseront plus tard.

Le rembûchement du loup bien reconnu, on commence par lui dresser une embuscade dans un lieu favorable situé entre deux bois et qu'on appelle *accoure*. C'est le lieu choisi pour placer les lévriers; ils doivent être cachés ainsi que le valet qui les mène, derrière quelques buissons, sous le vent. On poste ainsi des traqueurs armés de crécelles ou de casseroles de métal et de petits bâtons à environ quarante pas les uns des autres, du côté par où l'on ne veut pas que l'animal *débuche*, de manière à l'entourer, et à ne laisser libre que le côté de l'accoure.

◄ Le loup est-il lancé par le limier, aussitôt le veneur met les chiens courants sur les voies, en donnant du cor et les excitant de la voix, il leur crie, à cet effet : *Harlou, harlou, veleci aller, mes beaux, veleci!* Aussitôt que les chiens ont pris les voies, ils commencent à aboyer et à chasser le loup avec la plus vive ardeur.

Cependant le loup cherche à sortir du bois en prenant le vent pour lui ; mais les traqueurs frappant sur leurs casseroles ou faisant jouer leurs crécelles et criant : *harlou!* l'épouvantent et l'empêchent de sortir, en sorte qu'après plusieurs tours dans le bois, l'animal se décide pour le côté où il n'entend aucun bruit, et qui est précisément le côté de l'accoure. Arrivé sur la lisière du bois, le loup s'arrête un instant pour examiner s'il ne voit personne. Il prend alors rapidement son parti et fuit vers la plaine. Le valet qui tient les lévriers lui laisse faire une cinquantaine de pas, puis il lâche ses chiens, en leur criant : *Harlou! harlou! veleci aller!* **Les** lévriers, déjà tenus en éveil depuis un certain temps par la voix des chiens courants, fondent comme la foudre sur le loup, qu'ils conduisent ventre à terre jusqu'au deuxième relais de lé-vriers, disposé également d'avance à quelque distance du premier. On lâche ces derniers aussitôt que le loup est en vue, de manière à lui barrer le chemin. Comme les premiers lévriers le serrent de près, il est bientôt pris ; mais c'est le moment décisif, car si l'on manque de prendre le loup dans l'accoure, il ne faut, pour ainsi dire, plus compter sur lui, car mal-gré toute la vitesse des lévriers, le loup, qui sent très-bien qu'on en veut à sa peau, et que son salut dépend de la rapidité de sa course, entraîne la chasse si loin, qu'on est bientôt obligé de renoncer à sa poursuite.

Le loup, pris et tenu par les chiens, se défend

tant qu'il peut ; mais les chiens courants arrivant aussitôt, la bête finit par succomber sous leurs atteintes. Les piqueurs sonnent alors l'*halali*.

Dans les grandes chasses, où l'on peut suivre le loup, au moyen de relais, jusqu'à ce qu'il soit sur ses fins, le veneur, armé d'un couteau de chasse, cherche à le percer au défaut de l'épaule, ce qu'il ne doit faire qu'en usant des plus grandes précautions, tenant toujours la pointe de son couteau dans la main gauche, pour ne pas blesser les lévriers acharnés sur le loup.

Il est à remarquer que lorsqu'un loup a de l'eau à sa portée, il est dans le cas de tenir toute une journée sur pied dans le même canton, toujours chassé, même par d'excellents chiens incapables de perdre la voie. On en voit même qui refusent absolument de quitter le bois au fond duquel il existe quelque mare dans laquelle ils vont se rafraîchir de temps en temps, ce qui leur rend de nouvelles forces. C'est pourquoi il est prudent, lorsqu'on veut chasser le loup avec succès, de faire préalablement garder les abords des mares par des hommes armés de fusils ou munis de crécelles, pour éloigner l'animal s'il était tenté de venir à l'eau.

Quant aux jeunes loups, il n'est pas besoin de tant de façons avec eux : on va les attaquer avec les chiens courants jusque dans leurs forts ; ils fuient alors dans toutes les directions, et les chiens, les abordant vigoureusement, en viennent promptement à bout.

Si, en chassant de jeunes loups, on en a manqué quelques-uns, on peut hardiment retourner le lendemain aux mêmes buissons, où ils reviennent pour se chercher les uns les autres ; mais le surlendemain on n'y en retrouve plus.

CHAPITRE XVIII

Chasse du chevreuil.

La chasse du chevreuil se fait comme celle
du cerf et du daim, avec des chiens courants.
Mais il ne faut point de lévriers, ni de limiers,
ni de mâtins, et les autres chiens n'ont pas
besoin d'être si grands ni si forts que ceux qui
servent à chasser le cerf. La raison en est que
le chevreuil est beaucoup plus agile que le cerf
et que le daim, et qu'il est presque impossible
de le forcer. Premièrement, ses émanations
sont infiniment moins fortes que celles des
autres bêtes fauves, et, quand il a jeté les chiens

dans l'indécision en revenant plusieurs fois sur la voie par des détours habilement ménagés, il les déroute entièrement en faisant sur le côté un bond considérable qui l'écarte de sa trace : il se cache alors dans un buisson, en se couchant sur le ventre, et les chiens passeront et repasseront dix fois près de lui sans le sentir.

Il est bon que les chiens ne donnent pas trop de voix sur le chevreuil et qu'ils n'aient pas trop d'ardeur; autrement ils pousseront la bête et vous feront faire beaucoup de chemin, car le chevreuil, extrêmement léger à la course, arpente lestement le terrain s'il se sent très-vivement poursuivi.

On doit s'attacher, avant d'attaquer un chevreuil, aux *régalis*, c'est-à-dire aux endroits du taillis où le chevreuil, pour s'égayer, a gratté la terre avec ses pieds. Comme on ne doit chasser que le mâle ou *brocart*, on peut attaquer en assu-

rance quand on rencontre ces marques, car il n'y
a que le mâle qui laisse des empreintes donnant lieu aux mêmes remarques que les voies
du cerf.

Il importe d'observer que le chevreuil s'enfonce dans les forêts seulement en hiver; il
se tient près des ruisseaux, des fontaines et des
buissons épais, car il trouve là une herbe toujours verte. Au printemps, cet animal se tient
dans les taillis de trois ou quatre ans auxquels il
cause un grand dommage, puisqu'il broute les
bourgeons et le jeune bois. Il en résulte pour le
chevreuil un état singulier : cet aliment, lors de
la sève, occasionne chez cet animal une sorte
d'ivresse, au point qu'on les rencontre çà et là
sur les routes où ils courent comme égarés. Ce
n'est que dans les grandes chaleurs qu'ils sortent de ces retraites pour aller boire aux ruisseaux. On trouve aussi les chevreuils sur les
coteaux, au pied de quelques rochers et sur la

lisière des forêts. C'est un animal si léger qu'il faut, autant que possible, tâcher de le sur-prendre, car il franchit un chemin d'un saut avec tant de vitesse, qu'il est presque impos-sible de l'ajuster. Si, au contraire, on peut rencontrer le chevreuil au bord du bois, les chiens le poussant dehors, on a plus de temps à soi pour l'ajuster.

Un brocart étant mort, il faut avoir soin de lui retrancher aussitôt les parties génitales, sans quoi la chair contracterait un goût qui la rendrait extrêmement désagréable.

Le chevreuil s'apprivoise, mais ne saurait de-venir aussi familier qu'une biche. Cet animal conserve toujours quelque chose de sauvage dans sa manière d'être, et il est nécessaire que la clôture du lieu où il est enfermé soit très-élevée, pour qu'il ne puisse la franchir. On voit souvent l'animal s'épouvanter pour la moindre chose et se précipiter avec force contre les murs,

au point de se tuer ou de se briser les membres,
et l'on fera bien de se défier des mâles, si bien
apprivoisés qu'ils paraissent, car ces animaux
sont sujets à des caprices dangereux : ils prennent
parfois certaines personnes en aversion, sans
cause appréciable ; ils s'élancent brusquement
sur ces personnes, les chargent à coup de tête
et les foulent aux pieds après les avoir ren-
versées.

La chair du chevreuil est très-recherchée
pour la table. Cependant il en est pour le chevreuil comme pour le lièvre : la qualité de sa
chair dépend beaucoup du pays qu'il fréquente.
Il faut à cet animal des bois, des collines, des
friches, un canton sec et élevé, où il puisse
avoir autant d'air, d'espace, de nourriture et
même d'isolement qu'il lui en faut. Les chevreuils des plaines et des vallées ne valent rien ;
ceux des pays humides sont plus mauvais encore ;
enfin leur chair n'est bonne que quand l'animal

a atteint dix-huit mois ou deux ans. Jusque-là elle est sans goût et mollasse, et celle d'un chevreuil qui a passé trois ans est fort dure et d'assez mauvais goût.

CHAPITRE XIX

Chasse du renard et du blaireau.

La chasse du renard, très-pratiquée en Angleterre, est extrêmement agréable. Elle ne
demande pas, à beaucoup près, un équipage
aussi considérable ni des chiens aussi forts, ni
en aussi grand nombre que la chasse du cerf,
du daim, du sanglier et du loup. Le renard est
très-aisé à découvrir à cause de l'odeur forte
qu'il répand, et cet animal semble avoir plus de
confiance dans ses détours, ses ruses, que dans
la rapidité de sa course, quoiqu'il courre avec
beaucoup d'agilité quand il se décide à prendre

la plaine, ce qui est rare, l'animal fondant son principal espoir sur la profondeur de son terrier, qu'il considère comme une retraite inaccessible : aussi cherche-t-il toujours à s'en rapprocher, pour s'y réfugier quand vient le danger.

Le renard se chasse à l'aide de bassets, beaucoup plus faciles à dresser à cette chasse que les grands chiens courants ne le sont pour la chasse du loup. On choisit, pour chasser le renard, les mois de janvier, de février et de mars, d'abord, parce qu'alors les feuilles étant tombées, on voit mieux les chiens et le renard lui-même ; en second lieu, la peau de cet animal étant très-fourrée à cette époque de l'année, où il a pris tout son poil d'hiver, sa dépouille devient beaucoup plus précieuse.

Dans la nuit qui précède la chasse, on va boucher tous les terriers du lieu où l'on veut chasser ; du moins, tous ceux que l'on peut avoir reconnu d'avance. On emploie pour cela de la terre et des épines; mais il suffit de mettre à l'entrée du terrier deux petits morceaux de carton ou de bois blanc en croix, pour empêcher le renard d'entrer dans un terrier où la présence de cet objet lui fera soupçonner quelque piége, cet animal étant excessivement défiant.

Une fois le renard découvert, lancez sur lui votre meilleur chien, et, quand il donnera de la voix, ajoutez-en un autre; les deux chiens ainsi lancés ayant donné, lâchez le reste de la meute aux trousses du renard qui tournera vingt fois dans le même endroit, fera des sauts de côté pour dépister les chiens, se réfugiera sur quelque arbre penché pour laisser passer la meute et revenir sur ses voies aussitôt qu'il se verra dépassé par les chiens, et ne manquera pas de se glisser dans l'eau, s'il en trouve sous bois, pour s'y plonger entièrement et ne laisser sortir que le bout de son museau.

Si vous voulez le tirer, il faut vous placer aux environs des terriers en vous masquant de quelque gros tronc d'arbre ou d'un rocher, parce que le renard ne manquera pas de venir y chercher un refuge. Mais comme ces terriers sont ou bouchés ou pourvus du petit appareil en croix dont j'ai parlé plus haut, le renard ne s'y aventurera point, et vous choisirez, pour le tirer, l'instant d'hésitation où la vue de ces obstacles le jette.

Quand le renard, échappant à votre poursuite, parvient à gagner son terrier, en supposant que vous n'ayez pas découvert et bouché préalablement cette retraite, vos chiens, arrivant jusqu'à la gueule du terrier, ne manquent pas de vous faire savoir où s'est retirée leur proie. C'est alors que vos gens, munis de pioches et de pelles, attaquent ce lieu de retraite, qui se compose ordinairement d'un long boyau. Il n'est pas difficile d'arriver ainsi jusqu'au fond où se trouve le renard. Cependant il advient quelquefois que cet animal chasse un blaireau de son terrier et s'en empare; or, comme le blaireau creuse communément plusieurs galeries dans son lieu de retraite, quand on s'aperçoit de cette usurpation, on met en avant un basset, dont les aboiements font connaître quelle est la galerie occupée par le renard. Tous les efforts de vos travailleurs doivent être alors dirigés de ce côté.

Mais il n'est pas toujours possible d'avoir raison du renard en mettant sa galerie ou ses galeries à découvert. Il tâche de se former une demeure dans des anfractuosités de rocher, dans des délits de carrière, quand il s'en trouve dans le canton. On le fait attaquer alors dans son terrier même par des bassets, et, s'ils ne peuvent y pénétrer, par des chiens terriers. Ceux d'Angleterre, quoique très-petits, sont très-courageux, pleins de vigueur, et ils atta-

quent le renard avec fureur, le déchirent, le
forcent à sortir, et quelquefois le traînent eux-
mêmes dehors. Le renard, de son côté, se défend avec énergie, et fait aux chiens de cruelles
morsures.

Quand les galeries du renard sont dans le
rocher, que l'issue en est très-étroite, qu'on
manque de chiens terriers pour l'y attaquer, et
que les bassets ne peuvent y pénétrer malgré
tous leurs efforts, on en est réduit à brûler du
soufre dans le terrier, et l'on en bouche aussitôt l'entrée avec de la terre. Le renard y
meurt asphyxié ; mais alors il est évident qu'on
ne peut pas compter sur sa dépouille. L'avantage est qu'on débarrasse le canton d'un ennemi
redoutable aux volailles et au gibier. Mais toute
chose a son bon et son mauvais côté : si le renard détruit pendant la nuit les perdrix, les
cailles, etc., il donne aussi avec un grand
succès la chasse aux lapins, que chacun con-

naît pour un animal extrêmement nuisible.

Comme en Angleterre les loups ont été entièrement détruits, la chasse du renard occupe en ce pays une place importante dans la cynégétic. Les grands ont pour cette chasse des équipages considérables en piqueurs, en valets, en chevaux, en chiens, et n'épargnent rien pour donner à ce divertissement tout l'éclat possible.

On tend pour le renard des piéges de différentes sortes; mais, comme nous avons pour but de porter l'attention du lecteur sur l'éducation des chiens et sur les services qu'on peut attendre de ces animaux, il ne saurait entrer dans notre plan d'examiner les moyens de détruire les renards autrement qu'à l'aide des chiens.

Tout ce que nous avons dit du renard et de la manière de le chasser, peut s'appliquer au blaireau. Mais il faut remarquer que ce dernier est beaucoup moins agile que le renard : il a les pattes trop courtes pour pouvoir bien courir. Quand les chiens le surprennent hors de son terrier, ce qui est rare, parce qu'il s'y tient presque constamment, excepté pendant la nuit, qu'il quitte sa retraite pour aller chercher sa nourriture, ils l'atteignent bientôt; mais alors le blaireau se met sur le dos, se sert de ses ongles qu'il a très-longs et très-fermes, de ses mâchoires armées de dents très-fortes, combat longtemps, se défend courageusement et jusqu'à la dernière extrémité.

Le blaireau, ayant plus de facilité que le renard pour ouvrir la terre et y fouiller, jette derrière lui les déblais de son excavation qu'il rend tortueuse, et qu'il pousse quelquefois fort loin. Il y pratique ordinairement plusieurs galeries. Le renard cherche souvent à s'emparer du terrier que le blaireau avait creusé pour lui-même. Ne pouvant l'en chasser de force, il l'inquiète, fait sentinelle à l'ouverture du terrier, contraint le blaireau à y rentrer malgré lui ; parfois même il infecte le terrier de son ordure. Enfin le blaireau, ennuyé, se dégoûte de cette demeure et va en creuser une autre dans quelque lieu solitaire du canton. Le renard s'empare aussitôt du terrier, l'élargit et en fait son asile.

Si l'on veut savoir la manière dont les Français de qualité s'équipaient pour la chasse du renard et du blaireau, il faut lire la description qu'en donne Jacques Dufouilloux, gentilhomme poitevin, et nôtre plus ancien comme notre meilleur auteur de vénerie : « Tous seigneurs, dit-il en son vieux et naïf langage, qui voudront exercer la chasse des chiens de terre ; il faut qu'ils soient équippés et garnis des choses qui s'ensuivent. Premièrement, d'une demy-douzaine de forts hommes pour bescher, d'une demy-douzaine de bons et forts chiens de

terre, pour le moins, qui ayent chacun un collier au col, large de trois doigts, et garny de
sonnettes, pour l'entrée des terres, à fin que
les tessons (blaireaux) s'acculent plustost, et
aussi que les colliers les garderont d'être blessés. Et à l'heure qu'on verra les tessons acculez,
ou que les bassets soient las et hors d'alaine, ou
bien que les sonnettes fussent pleines de terre,
il faudra prendre les bassets, et leur oster les
colliers : mais, au commencement, ils seruent
grandement, d'autant que les tessons s'en
acculent plustot. Plus, pour revenir au propos,
le seigneur doit auoir sa petite charrette, là où
il sera dedans, avec la fillette, aagée de seize à
dix-sept ans, laquelle luy frottera la teste par les
chemins. Il doit auoir demy-douzaine de man-
tes, pour ietter contre terre, à fin d'escouter
l'abboy des bassets : ou bien pourra porter un
lict plein de vent, lequel on pourra faire en
ceste manière. Il faut coudre des peaux en-

semble, en carré, et de la grandeur d'une pail-
lace, et que les coustures en soient aussi subtiles
que celles d'vne bale : puis quand tout sera bien
cousu tout autour, il faudra mettre à un des
coings un petit buffet, en façon de celuy d'vne
bale ou d'vne cornemuse qui se ferme de luy-
mesme quand le vent sera dedans, puis l'em-
plira auec vne seringue, ou auec vn bon
soufflet, fait à la semblance de celuy d'vn
orfeure.

« Toutes les cheuilles et paux de la charrette
doivent être garnis de flaccons et bouteilles, et
doit auoir au bout de la charrette vn coffre de
bois, plein de coqs-d'inde froids, iambons, lan-
gues de bœuf, et autres bons harnais de gueule.
Et si c'est en temps d'hyuer, il pourra faire
porter son petit pavillon, et faire du feu dedans
pour se chauffer, ou bien. . . . (ici le texte
est un peu trop leste). Les instrumens pour
bescher doiuent être, premièrement, des ta-

rières, de deux sortes de pietes : savoir est, de larges et d'estroites, vn coupant fait en façon d'une picte, lequel doit estre acéré pour coupper les racines, une besche fort large, pour tirer la terre, vne racle pour ouvrir les mères et goulets, de laquelle on tirera de la terre hors, des tenailles pour arracher et tirer les tessons des pertuis, des paesles de fer et de bois, des sacs pour mettre les tessons vifs dedans, vne paesle ou autre vaisseau pour faire boire les petits chiens. Et faut que le seigneur marche en bataille de cette façon, équippé de tous les ferremens ci-dessus mentionnés, à fin d'aller donner l'assaut aux gros tessons et vulpins (renards) en leur fort, et rompre leurs chasmates, plocu, paraspets, et les avoir par mine et contre-mine, iusques au centre de la terre, pour en avoir les peaux et faire des carcans pour les arbalestiers de Gascongne. J'ay pourtraict cy-après la forme et façon de chacun des

ferrements. » Dufouilloux a joint à ces figures
le portrait de la charrette, attelé d'un seul
cheval, dans laquelle le chasseur est étendu,
la tête appuyée sur les genoux de la *fillette*, et
entouré de tout l'attirail qu'il décrit.

CHAPITRE XX

Du chien couchant. — Manière de le dresser.

La chasse au chien couchant n'exige pas tant d'appareil que celle aux chiens courants, et n'entraîne que peu de dépense et d'entretien. Aussi est-ce celle qui convient au plus grand nombre. Comme elle amène la destruction de beaucoup de gibier, elle a été pendant long-temps formellement défendue. Les ordonnances de 1578 et de 1607 l'interdisent à toute sorte de personnes. Maintenant, avec un port d'armes et la permission du propriétaire du terrain sur lequel vous chassez, vous êtes parfaitement libre de chasser, soit au chien courant, soit au chien couchant. Ce dernier est ainsi nommé, parce que, quand il est bien dressé, il doit se coucher à l'arrêt, comme nous le verrons ci-après.

Il faut, avant tout, se procurer un chien de bonne race, si l'on veut avoir, dans la chasse en plaine, tout le plaisir qu'on espère. Le proverbe est très-vrai : *bon chien chasse de race;* et, en effet, un tel chien *arrête* naturellement, ce qui est autant de temps de gagné sur son instruction.

Votre chien doit d'abord être exercé avec le moulinet, selon ce qui est dit page 147, pour lui apprendre à rapporter. Vous lui apprenez aussi, en même temps, à s'asseoir sur son derrière en vous tournant le dos, lorsqu'il vous apporte le moulinet, ainsi que nous l'avons dit page 148, en traitant de l'éducation du chien.

Quand il est familiarisé avec cet engin, on garnit le moulinet de quelques plumes; puis,

on prépare une pelote de linge à laquelle on a
fixé deux ailes de perdrix, et on exerce l'animal
avec cette pelote qui remplace ainsi le moulinet.
A la pelote succède une peau de lièvre bourrée
d'un peu de foin, et peu après on ajoute une
pierre à chaque extrémité de la peau, tant pour
habituer le chien au poids du lièvre que pour
l'accoutumer à saisir plus tard le lièvre par le
milieu du corps.

C'est alors qu'il faut lui apprendre à se coucher sur le ventre, les deux pattes de devant
étendues en avant, et celles de derrière ployées
sous lui. On l'exerce sans trop de difficulté à
prendre cette position au commandement : *à
terre !* que l'on accompagne du mouvement des
bras, comme si l'on s'apprêtait à tirer, et il faut
que le chien s'habitue tellement à ce mouvement des bras, qu'il doit se coucher de lui-même
dès que vous mettez en joue. Plus tard, vous
tirez effectivement et il faut que le chien reste

couché néanmoins, jusqu'à ce que vous lui disiez : *debout!*

Non-seulement il faut que le chien ne bouge pas au coup de fusil, mais encore, une fois sa position prise, il ne doit point la quitter, quelque chose que vous fassiez, que vous ne lui ayez dit : *debout!* Ainsi, vous tournez autour de lui, vous vous éloignez, vous revenez, l'animal doit rester immobile pendant tout ce temps-là.

Cet exercice offre de grands avantages : 1° il laisse le chasseur libre de tous ses mouvements, sans être gêné le moins du monde par son chien, qui est en quelque sorte cloué à terre ; 2° le chien, bien exercé à rester couché malgré le coup de fusil, ne s'emporte pas après le gibier qui fuit, ce qui est un très-grand défaut, et l'écueil de beaucoup de chiens mal dressés.

Vous exercez ensuite le chien à venir à vous vite ou doucement, sur l'indication de la parole, et selon le besoin. Le but de cette partie de son instruction est de lui apprendre à suivre une pièce de gibier posément ou en courant, s'il est nécessaire.

Nous avons vu qu'un chien de bonne race arrête naturellement. Si votre chien n'a pas cet avantage, il faut le dresser à l'arrêt. Pour cela, on place à terre un morceau de pain devant le chien qu'on tient par son collier, en disant rudement : *tout beau !* S'il veut se jeter brusquement sur le pain, on le gronde, on le corrige légèrement s'il le faut, et on ne lui permet de prendre le pain qu'au commandement : *pille !* On renouvelle cette leçon, et il faut qu'il finisse par garder l'arrêt sur le pain assez solidement pour que vous puissiez tourner autour de lui sans qu'il y touche, et il ne devra le prendre qu'au commandement.

Vous mettez alors le pain sur une perdrix morte, puis sur une peau de lapin de garenne et sur une peau de lièvre, rembourrées avec du foin. Vous finissez par supprimer le pain, et sur votre ordre : *pille! apporte!* le chien doit saisir et vous apporter la perdrix ou la peau rembourrée.

On apprend au chien à ne pas trop serrer le gibier qu'il vous apporte, en laissant passer à travers la peau rembourrée quelques pointes mousses qui, sans le blesser, l'incommoderaient suffisamment, s'il s'avisait de vouloir serrer la peau ; on le guérira ainsi de cette habitude, mauvaise en ce qu'elle gâte le gibier et l'expose à une facile corruption.

Il est important que ce soit la même personne qui instruise le chien, et il sera préférable que vous vous occupiez vous-même de son éducation, si c'est vous qui devez utiliser ses services. De plus, il ne faut le mettre en chasse qu'après vous être assuré de sa parfaite obéissance en tous points.

Si, avant d'exercer le chien dans la campagne, vous pouvez vous procurer une caille ou une perdrix vivante et apprivoisée, en lâchant l'oiseau dans un jardin après lui avoir coupé les plumes de l'aile, ou bien en le plaçant dans une cage, derrière un buisson ou quelque plante touffue, vous faites mettre le chien plusieurs fois à l'arrêt sur cette pièce de gibier, après lui avoir mis le collier de force, à tout événement, et le tenant attaché par un cordeau de quatre à cinq mètres de long, en lui disant : *tout beau !* et s'il veut avancer trop : *bellement ! là, belle-ment !* Puis, au bout d'un certain temps, quand l'animal a bien tenu, vous rompez l'arrêt et caressez le chien, pour le faire recommencer un peu plus loin, et la leçon se termine par un morceau de pain placé près de la cage, et que vous laissez prendre au chien, comme récompense, en lui disant : *pille !*

La meilleure saison pour commencer à conduire aux champs un chien couchant, pour achever de le dresser, est le printemps. A cette époque de l'année, les perdrix étant appariées tiennent beaucoup mieux, ce qui facilite et assure l'arrêt du chien. On met à l'animal le collier de force, et on le tient en laisse à l'aide d'un cordon de huit à neuf mètres de long. Le chien doit marcher devant vous, tranquillement et sans chercher à trop s'écarter; si cela arrive, on le ramène avec le cordeau, en lui disant : *doucement, là! doucement!* Si le chien, ayant fait lever une perdrix, s'emporte après et veut la poursuivre, on donne quelques saccades au collier de force pour corriger l'étourdi, en lui criant : *tout beau, là! tout beau!* S'il arrête convenablement, on le caresse, mais on ne le laisse quêter sans collier de force et sans cordeau, que lorsqu'il est bien affermi dans l'arrêt. Si vous chassez dans les environs de la maison, un chien bien dressé doit tenir son arrêt de manière à vous permettre d'aller chercher votre fusil; au retour, vous devez retrouver l'animal dans la même position.

Un chien est parfaitement immobile à l'arrêt, la queue raidie et une patte en l'air. Quand il quête, au contraire, il remue la queue sans cesse. Il doit alors porter le nez haut. S'il quête en *fouillant*, c'est-à-dire le nez en terre, comme le ferait un chien courant, ce ne sera jamais qu'un très-médiocre chien d'arrêt, à moins qu'on ne parvienne à le corriger de cette mauvaise habitude, par quelques saccades du collier de force, en lui criant : *haut le nez! haut!* On agit de même s'il court après les alouettes ou les petits oiseaux, ou s'il pointe un arrêt sur eux, ce à quoi les jeunes chiens sont sujets. On dit alors à l'animal, en lui donnant une saccade : *fi de ça! fi de l'alouette! haut le nez!*

Il est beaucoup plus difficile d'empêcher le chien de s'emporter après un lièvre qu'après une perdrix. Il faut cependant le contraindre à ne poursuivre aucune espèce de gibier sans votre commandement : *après! apporte!* dont vous faites usage quand il s'agit de lancer le chien après un lièvre ou une perdrix blessés.

Il va sans dire que l'on doit faire, surtout au chien d'arrêt, l'application de tout ce que nous avons dit au sujet de l'éducation du chien en général, c'est-à-dire que le chien d'arrêt doit savoir parfaitement apporter, se placer sur son derrière en vous tournant le dos pour vous donner l'objet apporté, etc.

Il ne faut, pour bien dresser un chien d'arrêt, que du temps, de la patience et de la douceur, surtout si l'on a affaire à un animal de race. Ceux qui maltraitent leurs chiens à coups de fouet, à coups de pied, ou même à coups de crosse de fusil, comme je l'ai vu avec indignation, rendent le chien craintif, stupide, et s'éloignent entièrement de leur but. Ce ne sont pas des chasseurs, mais des bourreaux.

CHAPITRE XXI

Maladies des chiens.

S'il faut avoir soin de la santé des animaux
dont on s'entoure, celle des chiens demande des
soins tout particuliers. Dans leur jeunesse, ils
sont sujets à ce qu'on nomme simplement *la maladie*. C'est tout une révolution qui s'accomplit
dans leur organisme, et par suite de laquelle,
perdant l'appétit, ils cessent de manger et mai-
grissent à vue d'œil ; leurs yeux deviennent
chassieux ; ils rendent par le nez une humeur
jaunâtre abondante et de mauvaise odeur, suite
de l'irritation de la membrane pituitaire ; ils

bavent aussi quelquefois d'une manière continue. Les chiens meurent de cette affection,
quand elle n'est pas énergiquement combattue,
et, quand ils en reviennent, elle leur laisse parfois un tic qu'ils gardent toute leur vie, ou bien
ils branlent constamment la tête par saccades,
ou, le plus souvent, l'une de leurs pattes est
sans cesse agitée de mouvements nerveux.

Il est extrêmement important de traiter cette
maladie dès son début, et le mieux est d'en prévenir l'invasion. Les moyens de le faire avec
succès sont simples et faciles. Il suffit de purger
le chien, tous les quinze jours, avec de la fleur
de soufre, dont on proportionne la dose à la force
de l'animal. Une cuillerée à café comble suffit
pour un chien de moyenne taille. On augmente
la dose s'il est plus gros. Il faut mêler la fleur
de soufre à du lait ou à du bouillon, ou bien
l'incorporer dans une boulette de beurre,
que l'animal prend sans difficulté, de même

qu'il boit sans répugnance le lait ainsi préparé.

Quelques personnes font raser le chien sur le front, entre les deux yeux, et appliquent là avec succès un emplâtre de poix de Bourgogne étendue sur un petit morceau de peau flexible, de la grandeur d'une pièce de deux ou de cinq francs, selon la grosseur de l'animal, et on fera bien d'employer ce moyen, surtout dès qu'on s'apercevra que l'animal tend à rendre par le nez, ou que ses yeux commencent à devenir chassieux. Cet emplâtre, causant à la peau une certaine excitation, agit comme exutoire ou dérivatif.

Lorsque les moyens ci-dessus sont insuffisants, on pratique sur le cou de l'animal, à deux doigts en arrière, et un peu en dessous de l'oreille, un séton. Pour cet effet, le poil sera coupé le plus ras possible, et, au moyen d'un carrelet, on passe au chien un cordon plat, d'un centimètre de large, imprégné de beurre, dans lequel on mélangera une petite pincée de poudre de cantharides.

Quant aux purgations, on fera bien d'en user, même avec l'animal devenu adulte, pour le conserver en bonne santé, et il faudra lui administrer la fleur de soufre dès qu'on le verra triste et cesser de manger. Ces animaux indiquent d'eux-mêmes ce qui leur est nécessaire alors, puisqu'ils recherchent et mangent le chiendent qui les fait vomir ou les purge par en bas. Il ne faut pas perdre de vue que, pour l'ordinaire, les chiens sont tourmentés par la bile et fort échauffés, ce qui est facile à reconnaître par la nature de leurs excréments, et par la difficulté qu'ils éprouvent généralement à s'en débarrasser.

Il en est de l'espèce canine comme de l'espèce humaine : il y a des chiens extrêmement nerveux, et sur lesquels certaines odeurs agissent d'une manière très-fàcheuse. Nous avons à la maison un très-petit chien à poils ras, sujet à de fréquentes attaques de nerfs. La pauvre bête, prise alors de faiblesse et de mouvements spasmodiques dans les membres, s'agite convulsivement et ne peut plus se tenir debout ; ses yeux se voilent et prennent un aspect singulier. Ces accidents sont ordinairement la suite de l'insolation, ou quand l'animal a été exposé à l'influence de certaines odeurs : celle des jacinthes, par exemple. L'odeur des violettes, quoique bien douce, lui est très-défavorable. Ces crises nerveuses durent un certain temps, mais cèdent presque aussitôt, quand nous donnons au pauvre malade un peu de lait, qu'il boit avec avidité.

Dans la belle saison, il faut de temps en temps laver les chiens avec du savon noir, puis à grande eau avec de l'eau claire, pour les débarrasser des insectes parasites et de la crasse qui, s'attachant à leur peau, nuit à la transpiration. Car c'est une erreur de croire que les chiens ne transpirent pas. Leur peau est perméable comme celle de tous les autres mammifères, et percée également d'une infinité de pores ; c'est ce qu'on reconnaît aisément au microscope, et dont il est facile de s'assurer en mettant un peu de mercure dans une peau de chien tannée. Pour peu qu'on presse le mercure, il passe à travers la peau. Les chiens transpirent donc ; seulement, la transpiration n'est jamais assez abondante chez eux pour dégénérer en sueur. Comme ils ouvrent la gueule en courant, pour faciliter l'acte de la respiration, et qu'ils perdent ainsi beaucoup par la perspiration pulmonaire, la transpiration insensible est moindre chez eux qu'elle ne le serait sans cette circonstance.

Puisqu'il y a lieu chez le chien à une transpiration cutanée, il est toujours prudent d'empêcher l'animal de se baigner ou de boire de l'eau très-froide, après avoir beaucoup couru ; autrement, vous exposez votre chien à contracter une péripneumonie qui peut le faire périr.

Quand on voit un chien boiter et lécher souvent une de ses pattes, il est à croire qu'il y est entré une épine, ou que l'animal s'est blessé après un morceau de verre ou un silex tranchant. Il faut donc y regarder et retirer l'épine avec soin : on tâche alors de faire saigner la piqûre, et, pour cela, on frappe dessus quelques coups secs avec le bout du doigt. Si l'animal s'est coupé, on fait saigner aussi la petite plaie, si cela est possible, puis on la lave avec de l'huile et du vin.

Il est nécessaire d'examiner souvent les oreilles des chiens de chasse, surtout des chiens courants, ou de tous autres avec lesquels on irait souvent dans les bois, parce que la *tique* s'attache à ces animaux et les épuise en leur suçant quantité de sang. Cet insecte, qui se propage beaucoup, enfonce si profondément ses mâchoires ou crochets dans la peau du chien, qu'il se laisse plutôt couper la tête que de lâcher prise. On délivre les chiens de ce parasite incommode, en leur lavant les oreilles avec de l'huile de noix.

Il est un accident plus sérieux, et dont les chiens de chasse sont souvent victimes : je veux parler du danger qu'ils courent d'être mordus par une vipère. Aussitôt qu'on s'en aperçoit, il faut tâcher de bien faire saigner la blessure, en l'agrandissant avec un canif ou une lancette, si cela est nécessaire ; puis on la bassine avec de l'alcali volatil, dont un chasseur prudent doit toujours être pourvu, aussi bien pour lui-même que pour ses chiens ; enfin, si l'on se trouve dans le voisinage de quelque ferme, on fait boire, le plus tôt possible, à l'animal mordu, un peu de lait, dans lequel on aura versé dix ou douze gouttes d'alcali. Tous les symptômes fâcheux disparaîtront promptement.

Flux de sang. — Les trop grandes fatigues et le froid causent aux chiens le flux de sang. Cette maladie est contagieuse ; en conséquence, il faut séparer des autres celui qui en est atteint, et le mettre dans un lieu où il soit proprement et chaudement. On ne lui donne rien de salé, et on le nourrit de soupe épaisse, dans laquelle on met de la terre sigillée. Si le mal persiste, il faut faire une bouillie épaisse avec de la farine de fèves, à laquelle on mêle aussi de la terre sigillée. Les jeunes chiens se rétablissent promptement avec ce régime ; mais, pour les vieux, la guérison est moins certaine.

Vers intestinaux. — Il faut prendre quatre grammes de suc d'absinthe, quatre d'aloès hépatique, quatre de staphisaigre, deux de corne de cerf brûlée, deux de soufre : le tout pilé et incorporé ensemble avec un demi-verre d'huile de noix, et faire avaler le tout au chien malade.

PLAIES DES CHIENS ; VERS QUI S'Y ENGENDRENT.
— On guérit les plaies en les lavant avec de
l'acide phénique étendu de deux ou trois fois
son volume d'eau. Ce même remède fait périr
les vers qui s'engendrent dans les plaies. La
suppuration ayant cessé, si une plaie avait ten-
dance à ne pas se fermer, on la saupoudrerait
avec un peu d'alun calciné, en poudre.

MAL D'OREILLE. — On le guérit en faisant
chauffer de l'huile de laurier, qu'on introduit
dans l'oreille du chien, en la bouchant momen-
tanément avec un peu de ouate.

FATIGUE. — Un chien qui a couru trop longtemps et qui en devient malade, est guéri par le
repos, une légère saignée et quelques lavements.
Il faut lui donner pour boisson du lait coupé
d'eau pendant deux ou trois jours.

CLAUDICATION. — Un chien qui boite de l'épaule, quand ce n'est pas de lassitude, doit être saigné ; puis on frotte l'épaule avec de l'essence de térébenthine. On recommence les frictions, si cela est nécessaire.

FRACTURES. — Quand un chien éprouve une fracture, on bat des blancs d'œufs avec de l'eau-de-vie ; on assemble convenablement les parties brisées et on les entoure de filasse humectée de ce mélange. On place les attelles qu'on assujétit avec un bandage. Si le pied enflait, il faudrait à l'aide d'une lancette, favoriser la sortie des sérosités, cause de l'engorgement. Quatre ou cinq fois par jour, il sera bon d'humecter l'appareil avec de l'eau-de-vie. On doit laisser l'animal en repos et le museler hors du temps de ses repas, dans la crainte qu'il ne dérange l'appareil, que plusieurs auteurs voudraient voir renouveler tous les quinze jours ; mais cette pratique est défectueuse en ce que le moindre déplacement des os s'oppose à un rétablissement convenable des parties. Il est infiniment plus convenable de laisser en place le même appareil, qui ne doit être levé qu'au bout de six semaines.

Poux. — On les détruit en frottant le chien avec de l'huile de Cevadille. On peut aussi faire usage d'huile de pétrole.

Gale. — Il faut faire un onguent avec un verre d'huile de noix et cent vingt-cinq grammes de soufre bouillis ensemble jusqu'à consistance convenable. On laisse reposer le chien pendant deux jours, après l'avoir frotté avec cet onguent, et on recommence à le frictionner le troisième jour. On renouvelle trois fois cette opération, en procédant de la même manière. Après les deux derniers jours de repos, on promène le chien, on le lave, en rentrant, avec de l'eau tiède et du savon, puis on le purge avec de la fleur de soufre, comme nous l'avons dit ci-dessus. Pendant ce traitement, il faut avoir soin de ne le nourrir que de pain et d'eau; il est important de changer souvent la paille pendant ce même temps.

Quelques essais d'un traitement par l'huile de pétrole ont été couronnés de succès, et l'on pourrait obtenir aussi d'excellents résultats en employant l'acide phénique étendu dans 100 parties d'eau pour une partie d'acide. On ferait périr instantanément, à l'aide de frictions faites au moyen de ce mélange, les acarus, cause des désordres qui surviennent à la surface de la peau.

CHANCRES. — On guérit les chancres aux oreilles en les cautérisant avec de l'acide nitrique, sulfurique ou phénique. Il faut étendre ces acides dans au moins trois ou quatre fois leur volume d'eau, pour amoindrir leurs propriétés corrosives, et ne s'en servir qu'avec beaucoup de prudence. Il vaut mieux avoir à recommencer plusieurs fois l'opération que de blesser l'animal.

DARTRES. — Les dartres se guérissent avec du suc d'*éclaire*, que l'on mêle à du vinaigre et à du sel. On en frotte le chien plusieurs fois par jour. Si les dartres reparaissent, on devra saigner et purger le chien, en lui donnant du lait coupé à boire pendant quelque temps.

CATARRHE. — Un chien qui a un catarrhe, doit être tenu chaudement et traité avec de l'huile de camomille employée en onctions sur la partie malade. On ajoute à ces moyens des fumigations de cascarille. Le catarrhe se reconnaît à ce que l'animal est triste, dégoûté, et à ce qu'il lui sort par le nez beaucoup de sérosités purulentes.

L'éther mêlé à du lait, dans la proportion de trente gouttes pour un chien de moyenne taille, et qu'on fait avaler au chien malade, est encore un très-bon moyen pour guérir le catarrhe. Il faut observer toutefois que, quand le chien est très-vieux, tous les remèdes sont impuissants.

RÉTENTION D'URINE. — La rétention d'urine se guérit avec des feuilles de guimauve, des asperges, des racines de fenouil et de ronces, à poids égal, et bouillies dans du vin blanc jusqu'à réduction du tiers. On fait boire cette potion tiède au chien malade.

ABCÈS. — Indépendamment des abcès qui peuvent se montrer sur d'autres parties du corps, il en est un dont peu de personnes soupçonnent l'existence, et qui tourmente fréquemment les chiens, en leur causant une grande constipation. Cet abcès se forme à l'orifice interne du rectum. Quand on voit un chien malade, sans cause connue, il faut regarder si cet abcès n'existerait pas chez lui. On ouvre alors la tumeur avec précaution, car il en sort un pus infect, qui pourrait causer des effets désastreux s'il vous jaillissait sur l'œil ou sur la membrane muqueuse des lèvres ou du nez. L'animal est soulagé aussitôt. Une personne de ma connaissance possède un chien qui est souvent atteint de ce mal, et qui s'est si bien trouvé de la petite opération pratiquée sur lui par son maître, que, quand cela est nécessaire, il vient de lui-même présenter la partie malade pour la soumettre à l'opération.

RAGE. — Il existe malheureusement chez le chien, ainsi que chez le loup, une maladie terrible, qu'on ne peut ni prévenir, ni guérir, malgré tous les essais tentés jusqu'à ce jour, maladie dont l'animal peut transmettre le germe par sa morsure. Nous voulons parler de la rage. Cette maladie se manifestant d'une manière assez obscure à son début, il arrive parfois qu'on est mordu par son chien, tout en jouant avec lui, et souvent si légèrement qu'on y fait à peine attention, et cependant l'animal peut être atteint de la rage et vous la communiquer de la sorte. Aussi est-il très-imprudent de se laisser lécher, les lèvres surtout, par son chien. Nous avons connu une dame, qui avait la mauvaise habitude de donner à manger à son chien, en plaçant entre ses lèvres de petits morceaux de pain que le chien venait y prendre ! A la fin, le chien se trouvant enragé sans que la dame le sût, le virus rabique fut ainsi transmis à cette personne, qui mourut après une douloureuse agonie.

Les symptômes de la rage sont les suivants et peuvent se diviser en trois périodes.

Première période, durant les trois premiers jours. Le chien est triste, boit et mange peu, se retire dans les coins et commence dès lors à avoir sa queue entre les jambes.

Seconde période, durant trois jours. L'animal aboie d'une façon singulière, comme s'il était enroué. Il commence à mordre subitement les murailles ; il lèche la salive qui est par terre.

Troisième période, durant les trois derniers jours. Le chien s'agite et mord les barreaux de la cage où il est enfermé. Son poil se hérisse, le son de sa voix devient plus guttural, son œil s'injecte, une terrible agonie commence et le chien succombe.

Dès qu'on s'aperçoit des premiers symptômes que nous venons d'indiquer, il faut séquestrer le chien, en mettant à sa portée de l'eau et des aliments, et bien l'observer. Si la maladie se déclare de plus en plus, il faut se persuader que l'animal est perdu sans ressource, et, dès que commence son agonie, c'est véritablement un acte de charité que de le faire tuer.

Le seul remède efficace contre la morsure d'un animal atteint d'hydrophobie, est un remède préventif : c'est la cautérisation. On commence par agrandir les petites plaies, aussitôt que possible, à l'aide d'un instrument bien tranchant ; on les fait saigner le plus qu'on peut, *en se gardant de les sucer pour en faire sortir le sang,* comme on le fait avec succès pour d'autres blessures ; puis on les lave avec de l'eau fraîche et on les brûle *profondément,* soit avec un fer rougi *à blanc,* soit avec la pierre à cautère ou le nitrate d'argent (pierre infernale). Si ces moyens peuvent être employés sur-le-champ et s'ils le sont convenablement, il est rare que la morsure de l'animal enragé soit suivie d'accidents. Quant à un traitement de la maladie, lorsqu'elle est déclarée, nous n'en indiquerons aucun, parce qu'il n'y en a point de satisfaisant. Rien de ce qu'on a essayé jusqu'à présent n'a réussi, et c'est vainement qu'on a

recours aux moyens empiriques. Malheureusement, la science est restée en défaut jusqu'à ce
jour, et il est bien à craindre que ses recherches
pour la guérison d'une aussi horrible maladie,
qui se transmet à l'homme par l'inoculation du
virus rabique, ne soient encore inutiles pendant
bien longtemps.

Une remarque importante à soumettre à nos
lecteurs, et qui résulte de nombreuses observa-
tions, c'est qu'il arrive souvent qu'une chienne
qui passe deux ans sans être couverte, est atteinte
d'hydrophobie à la troisième ou à la quatrième
année.

Les chiens qu'on maltraite sans miséricorde
et au point de les mettre en fureur, contractent
souvent la rage par cela seul. C'est l'observation
que je fis à quelqu'un dont le chien venait
d'être corrigé longtemps et à toute outrance
pour avoir mangé quelques œufs dans la basse-
cour. « Ce défaut est assez commun parmi les

« chiens, dis-je au maître de cet animal : ils
« aiment presque tous les œufs et savent fort
« bien les casser. Mais il y a un moyen facile et
« certain de les guérir de ce défaut sans les
« battre. Il faut prendre un œuf, le secouer
« vigoureusement pour mêler le jaune avec le
« blanc, pratiquer ensuite un petit trou à
« chaque bout, souffler par l'un des trous pour
« vider l'œuf par l'autre trou, et faire entrer
« dans la coquille ainsi vidée un peu d'assa-
« fœtida, un peu de moutarde, de suie, de poi-
« vre, boucher les deux trous avec un peu de
« cire ramollie au feu et secouer de nouveau
« l'œuf pour mêler ces diverses substances avec
« l'assa-fœtida; après quoi on place dans le
« poulailler l'œuf ainsi préparé. Le chien, allé-
« ché par ceux qu'il a mangés la veille, ne
« manque pas de chercher à se régaler de celui
« qu'il trouve à la même place. On conçoit que
« sa joie est de courte durée. Il faut recommen-

« cer le lendemain , par précaution , mais il est
« rare qu'on soit obligé de préparer un troi-
« sième œuf. »

OBSERVATIONS.

. Lorsqu'il s'agit de faire avaler un breuvage
à un chien, la meilleure manière est de mettre
le liquide dans une petite fiole, et, au lieu d'ouvrir la gueule à l'animal, qui, en se défendant,
vous gêne dans vos mouvements, vous tirez à
vous les coins des lèvres d'un côté, de façon
qu'ils fassent entonnoir ; vous y versez tout doucement le liquide par petite quantité à la fois,
de manière à laisser le chien avaler et à lui permettre de se reprendre.

On saigne les chiens avec la lancette, et aux
mêmes veines que les chevaux. On ne leur tire
ordinairement qu'une ou deux onces de sang,
selon leur force, et il faut avoir le plus grand
soin de ne pas léser l'artère. Cette opération

doit être, autant que possible, pratiquée par un artiste vétérinaire.

Dans les différentes maladies des chiens, on a souvent recours aux lavements, que l'on compose avec les mêmes plantes et les mêmes drogues que pour l'homme, mais à moindre dose. Le lavement le plus convenable pour soulager un chien qui éprouve des tranchées, lesquelles sont quelquefois si aiguës que l'animal se mord les flancs, hurle et se roule à terre, se fait avec de l'eau chaude, dans laquelle on fait fondre une chandelle par lavement. On promène le chien malade, et, si au bout d'un quart-d'heure il ne paraît pas soulagé, on lui donne un second lavement. En général, ces lavements font un très-bon effet dans presque toutes les maladies des chiens, et l'on ne saurait trop les employer.

CONCLUSION

—

Telles sont, ami lecteur, les choses que j'avais à vous dire au sujet du chien, de notre fidèle compagnon : elles m'ont paru de nature à vous intéresser, et je désire beaucoup qu'elles puissent vous plaire. Je m'estimerais heureux, et je me trouverais bien payé de ma peine si ce modeste ouvrage pouvait vous engager (si vous ne l'avez pas fait jusqu'ici) à vous atta-cher un de ces précieux animaux. Plus vous donnerez de soins à son éducation, plus son affection vous sera acquise, et bientôt votre chien sera devenu un de vos bons amis, j'oserai dire le meilleur.

Et que ne peut-on pas attendre d'un chien, en fait de reconnaissance et d'attachement, quand on voit ce qui vient de se passer au sujet d'un jeune lion élevé en Algérie par un de mes amis, interprète à l'armée d'Afrique. Ce lion, qui couchait sur le pied du lit de son maître, le suivait partout, comme l'aurait fait le chien le plus soumis, le plus fidèle. Au bureau, au cercle, au café, tout le monde caressait le lionceau et lui donnait du sucre; les enfants mêmes jouaient avec cet animal, complétement inoffensif. Or, l'interprète devant s'absenter pour un certain temps, laisse son lion à l'un de ses amis, qui s'était engagé à en avoir le plus grand soin... Dès le premier jour de l'absence de son maître, le lionceau, inquiet, refuse de manger, va dans tous les endroits qu'il fréquentait avec son maître, puis revient se coucher tristement à la maison. Bref, au bout de quelques jours, le pauvre lionceau succombe, n'ayant voulu prendre aucune nourriture, et ne pouvant supporter la perte de son maître et de son ami.

FIN.

TABLE DES MATIÈRES.

Tours. — Imprimerie nouvelle — E. Mazereau, 41, passage Richelieu.

www.ingramcontent.com/pod-product-compliance
Lightning Source LLC
LaVergne TN
LVHW021220170726
843501LV00003B/591